KEJI QIANYAN TANMI
科技前沿探秘

# 图解
# 外骨骼技术

TUJIE
WAIGUGE
JISHU

刘志辉 编著

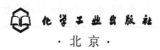

化学工业出版社
·北京·

## 内容简介

本书主要介绍人体外骨骼及其关键技术。全书共分六章，介绍了军用人体外骨骼、医用人体外骨骼、工业用人体外骨骼、消费级人体外骨骼的基本构成和相关关键技术，阐述了人体外骨骼的定义、发展历史、分类、材料，让读者对人体外骨骼有一个总体的认知，接着分别从军事、医疗、工业、消费级产品四个领域，用案例分析的方式，图文并茂地对当前全球范围典型的人体外骨骼进行了较为详细的阐述。

本书适合作为认识人体外骨骼的科普读物，也可供机械、控制、自动化等专业的学生及从事外骨骼产品研发的人员参考。

**图书在版编目（CIP）数据**

图解外骨骼技术 / 刘志辉编著. —北京：化学工业
出版社，2024.1（2025.5重印）
（科技前沿探秘）
ISBN 978-7-122-44347-2

Ⅰ.①图… Ⅱ.①刘… Ⅲ.①仿生机器人-图解
Ⅳ.①TP242-64

中国国家版本馆CIP数据核字（2023）第201304号

责任编辑：邢　涛　　　　　　　　文字编辑：袁　宁
责任校对：宋　玮　　　　　　　　装帧设计：韩　飞

出版发行：化学工业出版社
　　　　　（北京市东城区青年湖南街13号　邮政编码100011）
印　　装：北京机工印刷厂有限公司
880mm×1230mm　1/32　印张7　字数174千字
2025年5月北京第1版第2次印刷

购书咨询：010-64518888
售后服务：010-64518899
网　　址：http://www.cip.com.cn
凡购买本书，如有缺损质量问题，本社销售中心负责调换。

定　　价：69.80元　　　　　　　　　　版权所有　违者必究

在当今的科技世界里，人体外骨骼已经越来越引人关注。它们在许多领域，包括军事、医疗、工业，甚至日常生活中都发挥着巨大的作用。本书将深入探讨人体外骨骼的发展和应用，以及它们的关键技术。

人体外骨骼是一种机械装置，它能够增强和扩展人体的生理能力。人体外骨骼可以提供额外的力量、耐力和速度，同时还可以保护人体免受伤害。随着研究的深入，人体外骨骼技术取得了显著的进步，使其在更多的领域得到应用。

在军事领域，人体外骨骼具有巨大的潜力。它们可以增强士兵的生理能力，使其能够更轻松地完成各种任务。此外，人体外骨骼还可以提供额外的保护，使士兵免受伤害。在医疗领域，人体外骨骼已经被用于帮助残疾人和患有肌肉萎缩症的患者。它们可以提供额外的力量，使患者能够自由地进行日常活动，如行走、提起物品等。此外，人体外骨骼还可以用于康复治疗，帮助患者恢复失去的功能。在工业领域，人体外骨骼也具有巨大的潜力。它们可以增强工人的生理能力，使其能够更轻松地完成繁重和危险的任务，减少工伤，延长劳动力寿命等。除了在特定领域的应用，人体外骨骼还有潜力改变我们的日常生活，如辅助运动训练及帮助老年人或残疾人更加轻松地进行日常活动。

然而，人体外骨骼的发展还面临着许多挑战。例如，这些机器人需要更高的能量效率、更先进的传感和控制技术，以及更舒适的用户界面设计。此外，还需要更多的研究和实验来验证人体外骨骼的安全性和有效性。

编写本书的目的是为读者提供人体外骨骼的全面概述和不同领域人体外骨骼的案例分析。书中将详细介绍人体外骨骼的工作原理、技术实现和潜在应用，还将讨论人体外骨骼的优点和缺点，以及它们对未来社会的影响。

希望本书能够为从事人体外骨骼研究和开发的科学家、工程师和学生提供有用的信息和启示，也希望这本书能够激发广大读者对未来科技的热情和兴趣。

感谢硕士研究生张新然、付彦博、朱莹、廖陈丽、冉林杰为本书搜集了大量资料和案例。感谢参与本书编写和出版工作的所有人员。在此，我向他们表示最诚挚的感谢和敬意。

本书自动笔至完稿历时约一年半，其间为之殚精竭虑，今终尝所愿。虑及笔者水平有限，书中不足之处，恩请广大读者不吝赐教。

刘志辉

# 目 录

# 第一章　认识人体外骨骼

# 1.1 什么是人体外骨骼?

外骨骼一词源自生物学,指的是一种坚硬的外部结构,能够为生物体柔软的内部器官提供形态、支持和保护。外骨骼与脊椎动物的骨骼具有相似的功能,因此被称为外骨骼。早期,人们受到甲虫的启发,尝试开发一种由钢铁框架构成的机械装置并可以由人穿戴,即人体外骨骼,也称为"机械外骨骼"(mechanical exoskeleton)或"动力外骨骼"(powered exoskeleton),其本质上是一种专门为人类设计的可穿戴机器人,旨在与人类协同工作,提高人类的生产力和生活质量。人体外骨骼是指局部覆盖或半覆盖人体并为人类提供额外动力和能力的类人形动力机械结构,而全覆盖并附着在人体上的外骨骼则被称为机甲。

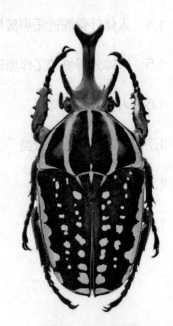

图1-1 昆虫的外骨骼

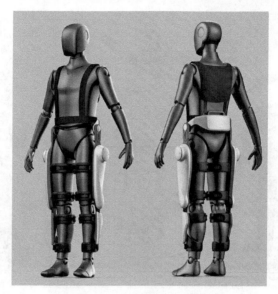

图1-2　中国航天医疗康复外骨骼机器人

人体外骨骼是一种融入了先进的控制、信息、通信等技术的人机电系统，除了提供保护、身体支撑等基础功能外，还能增强穿戴者的力量、耐力和机动性。在穿戴者的控制下，人体外骨骼能够完成一定的任务，使人机融合成为具有机械力量和人的智力的超智能体，从而实现力量的增强和感官的延伸，如帮助残障人士行走、提高运动员的训练效果、帮助工人在危险环境中进行作业等。

## 1.2　人体外骨骼早期发展史

人体外骨骼的起源可以追溯到 19 世纪，由于蒸汽机的出现，英国插画师 Robert Seymour 于 1830 年绘制了 *Walking by Steam*，其中提到了穿戴在人体上的蒸汽行走机，但并未投入研究。

图1-3  Robert Seymour的手绘画*Walking By Steam*

　　机械外骨骼始于1890年，由Nicholas Yagn首创，并申请了美国专利。该装置为下肢外骨骼，主要利用弓形弹簧片的弓形结构和气囊式气压阀存储和释放能量，以此提高移动速度，增强人体步行、奔跑与跳跃的能力，但其笨拙的体积和结构限制了运动机能的提升幅度，使其未能得到实际应用。

　　随着蒸汽、内燃动力体系的发展，人们开始将外部能源接入外骨骼为其提供动力。1917年，美国发明家莱斯利·凯利设计了由蒸汽驱动的Pedomotor步动辅助装置，奠定了现代动力外骨骼的研发基础。然而，Pedomotor需要穿戴者背负一台小型蒸汽机，并且其动力学结构设计较为粗糙，难以随人体运动完成复杂的结构变形，最终被搁置。

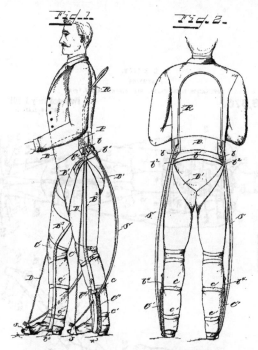

图1-4 Nicholas Yagn首创的机械外骨骼

世界上第一套真正意义上的"外骨骼装甲"Hardiman（Human Augmentation Research and Development Investigation），由美国通用电气公司和美国国防高级研究计划局（DARPA）在20世纪60年代联合研发。它包含了30多个关节，通过液压电力伺服系统驱动，能使穿戴者的力量增加25倍，提起110kg重量的物体就像提起4.5kg那么轻松。然而Hardiman外骨骼运行速度缓慢，仅达到0.76m/s，且重量达到680kg，限制了其实用性。此外，在当时，人们对于外骨骼的运动原理理解得不清晰，因此Hardiman未能实现无协助情况下的独立行走。考虑到这些限制，最终Hardiman项目被改进为机械手臂，但由于操作复杂而未被广泛应用。

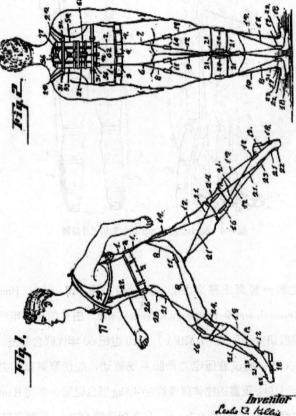

图1-5 Pedomotor步动辅助装置手稿

与美国陆军合作研制、命名为"哈迪曼"（英文为Hardiman，"坚硬的人"之意）的全身外骨骼系统（如图1-6所示）。该系统是一款全身式的液压外骨骼，由30对液压执行器驱动，其设计初衷是想帮助人类举起约700磅（约317千克）的重物，然而，由于该系统自身重达1500磅（约680千克），以及机械本身存在的一些不可克服的问题，整套装备实际上从未实现真正意义上的行走。随后，该项目被改进为一款单独的机械手臂（如图1-7所示），其重量约为750磅（约340千克），但在空载的情况下，该机械手臂竟无法保持平衡，且运动起来十分笨重，所以最后也只能无奈退场。

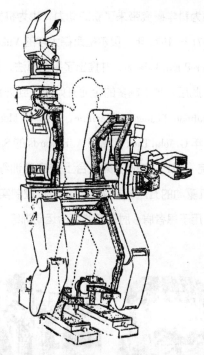

图1-6 Hardiman"外骨骼装甲"

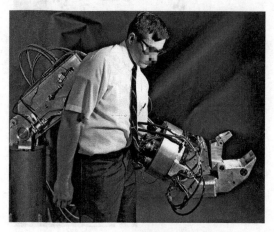

图1-7 Hardiman项目被改进为机械手臂

计算机的出现为科学研究带来了新的动力，也为机械外骨骼的研究注入了新的活力。1971～1972 年，贝尔格莱德大学的 Vukobratovic 等人研制出了轻量化的 Powered Exoskeleton，并提出了平衡算法，在双足机器人研发中得到广泛应用。此后，越来越多的企业开始投入到外骨骼机器人的研发中，如 1978 年 Shulman 的 Jogging Machine，1987 年 Monty Reed 的 Lifesuit Exoskeleton，1990 年 G. John Dick 和 Eric A. Edwards 的 SpringWalker。1991 年，麻省理工学院（MIT）完成了第一台上肢康复训练机器人系统 MIT-MANUS，采用电机驱动的五连杆机构，利用阻抗控制实现训练的安全性、稳定性和柔顺性，用于患者肩、肘关节的复合运动训练。

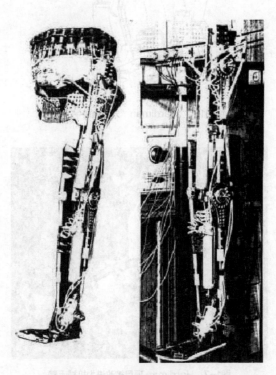

图1-8　Powered Exoskeleton 外骨骼

## 1.3 21世纪的突破与发展

进入 21 世纪，外骨骼的研发进展迅速。2000 年，美国国防高级研究计划局（DARPA）启动了"增强人体体能外骨骼（EHPA）"计划，将外骨骼机器人的研究推向高潮。2004 年，加州大学伯克利分校在 DARPA 资助下研制出了伯克利下肢外骨骼系统（Berkeley Lower Extremity Exoskeleton，BLEEX）。该系统吸取了 19 世纪军用外骨骼的教训，将重心转移到腰间和腿部的支撑结构上，从提高肢体力量变成提高穿戴者负重行动能力。BLEEX 可以让佩戴者轻松负重 90kg 并穿越复杂的地形。当动力不足时，它可以拆卸并折叠成一个背包进行存储和运输，同时，BLEEX 也是目前最"长寿"的动力外骨骼装置之一。

图1-9 伯克利下肢外骨骼

2005 年，美国伯克利仿生科技公司研发了第二代军用外骨骼机器人，分别为 ExoHiker 和 ExoClimber。ExoHiker 用于承载重物执行长途任务，其充分利用了重力和能源回收技术，通过设计关节将外骨骼的重量转移到地面，使得设备在站立不动时无需消耗能源。ExoHiker 用电池取代电缆，是第一副没有牵绊的外骨骼。ExoClimber 用于快速爬楼梯和陡坡，并提供与 ExoHiker 相同的长期承载能力。

图1-10　ExoHiker　　　　　　图1-11　ExoClimber

2007 年，在美国国防部的招标中，萨柯斯"Sarcos"高新技术研究公司（后被雷神公司收购）设计的 XOS 完全机械外骨骼系统脱颖而出。2010 年初推出的 XOS-1 具备前所未有的灵活性和灵敏度，同时还可以提供高达 6 倍的力增幅，紧贴身体表面的传感器能够感应到穿戴者的动作幅度和力度，通过运算可以在使用者运动幅度内输出 6 倍的力度。该公司在 2010 年 9 月又研发出 XOS-2 动力外骨骼系统，相较上一代产品重量轻了 10%，能耗降低了 50%，力增幅却达到了 17 倍。这些性能的全面增长深得美国军方认可，XOS 也被《时代》杂志列为 2010 年的 50 大发明之一。

图1-12　XOS-1

图1-13 XOS-2

2008 年，洛克希德·马丁公司首次涉足动力外骨骼领域，并发布了人类通用承载器（Human Universal Load Carrier，HULC）系统。该系统融合了 ExoHiker 和 ExoClimber 的性能，能够帮助人们轻松地携带 200 磅（约 90.7kg）重物在各种地形上进行长时间的行走运动。

初代 HULC 在充满电后，穿戴者可以在无负重感的情况下以 4.8km/h 的速度背负 90kg 重物连续行走 1h。该系统还可以使穿戴者以接近 16km/h 的速度疾行。最新一代的 HULC 采用燃油发电机，在加满燃油后可提供超过 24h 的续航时间，并能够同步士兵的复杂动作，辅助他们完成一般的战斗任务。

HULC 被称为性能最强的单兵动力外骨骼装置，穿戴者能够轻松奔跑、行走、下跪、深蹲、匍匐等，同时驱动 HULC 的燃油发电机重量很轻，能够大幅度为士兵减负。在美军 TALOS 项目尚未实现时，HULC 是最先进的单兵动力外骨骼装置。

目前较典型的外骨骼有：美国 XOS 全身外骨骼二代、人体负重外骨骼 HULC、Super Flex 动力服、Soft Exosuit、MAXFAS 的手臂外骨骼系统、MIT 外骨骼、BLEEX 外骨骼系统、英国的矫正负重辅助装置、法国的大力神可

图1-14 士兵穿着HULC外骨骼进行训练

穿戴外骨骼、意大利的 V- 盾一代人体脊柱外骨骼以及澳大利亚的新型被动式可穿戴外骨骼。此外，美国还研究了一款名为 TALOS（Tactical Light Operator Suit）的单兵装甲，它集成了生理监控、动力外骨骼、全装甲防护和网络数据连通等技术，但因电源供应问题于 2019 年中止，项目暂停但技术成果保留。

图1-15 TALOS 单兵装甲

## 1.4　人体外骨骼的拓展应用

现如今，人体外骨骼正在快速发展，除军事应用外，各国正在投入资金推动外骨骼商业化，探索其在工业和医疗领域的独特价值。在工业方面，洛克希德·马丁公司开发 HULC 外骨骼后不久推出了 Fortis，相当于腰腹部的"第三只手"，可以轻松提起 23kg 重物，降低 2/3 劳作人员疲劳感，提高工作质量并降低肌肉伤害风险。Fortis 也可与腿部外骨骼搭配使用，实现无重感操作。

图1-16　Fortis

工业用人体外骨骼适用场景十分广泛，包括但不限于汽车装配、物流、建筑施工等领域。Ekso Bionics 和 SuitX 等美国公司也已推出了工业用人体外骨骼，Ekso Bionics 的上肢外骨骼机器人 EksoVest 已在福特汽车的流水线上得到应用并获得好评。

图1-17　Soft Exosuit

　　在医学领域，日本、新西兰和以色列等国家也在 20 多年的时间内进行了长期的探索。日本公司 Cyberdyne 自 1997 年开始研究医疗动力外骨骼，主要产品 HAL（Hybrid-Assistive Limb）外骨骼定位为人体辅助义肢系统，由日本筑波大学研究生产。HAL 结合了电控和供电系统，主要应用于民用负重及医疗领域，帮助残障伤患者行动或复健。HAL 可以通过感测穿戴者的生物信息，如肌肉运动和神经电流的改变，模拟穿戴者的动作，并在平行方向上增强穿戴者的力量和耐久性。HAL 主要辅助对象包括但不限于残

疾人、老年人、上下肢无力患者和瘫痪病人等。经过近 10 年的研发，HAL
已发展至第 5 代，重量缩减至 10kg 以下，更适合常人使用。

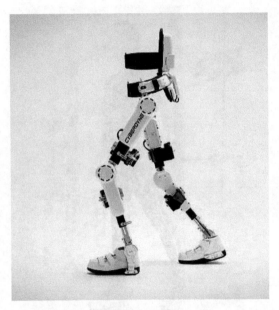

图1-18　HAL

此外，REX Bionics 公司设计研发的 REX 和 ReWalk Robotics 发明的
ReWalk，都是近年在医疗领域具有重要意义的民用外骨骼系统。ReWalk
Robotics 成立于 2001 年，是一家主营医疗民用外骨骼设备的公司。其外骨
骼设备主要针对脊髓损伤患者，可以提供关节动力支持，帮助患者直立和
行走。产品已于 2014 年率先获得 FDA 认证。ReWalk 初代产品需要长时间
的适应周期，并需配合拐杖使用以保持上下肢平衡，而且需要肩背背包，
对穿戴者来说有一定的负担。ReWalk 6.0 是该公司最新产品，电机设计在
髋、膝关节处，提高了系统的安全性、关节耦合度和轻便性。

图1-19　ReWalk 初代　　　　　　　图1-20　ReWalk 6.0

　　国内的外骨骼机器人研究起步较晚，大部分仍处在基础研究阶段，但也有不少高校和科研机构在积极开展研究，包括清华大学、浙江大学、上海交通大学、哈尔滨工业大学和北京航空航天大学等。自2004年开始，中国科学院合肥智能机械研究所就开始了类似的研究工作。2004年，浙江大学研制的一种新型的可穿戴式下肢步行外骨骼机构和可穿戴的柔性外骨骼机械手取得了不错的效果。

　　2004年，海军航空工程学院开展了关于外骨骼技术的研究，并于2006年首次推出了第一代外骨骼机器人，两年之后又展示了第二代外骨骼机器人。该装备以电池为能量来源，通过足底的压力传感器收集步态信息，然后通过微处理器发出信息驱动电机输出动力，从而实现了穿戴者的负重行走。

2011 年，中国科学院和中国科学技术大学研制出一种下肢外骨骼机器人。2013 年，南京军区总医院博士后工作站发布了我国的首部外骨骼装置，被称为"单兵负重辅助系统"，主要面向军用领域，能够承载负重并与穿戴者动作同步。虽然它被认为是目前国内最完善的外骨骼装置之一，但其功能相对单一，且负重能力以及设计结构仍有待提升。

图1-21　战士试穿单兵负重辅助系统

2014 年，中国科学院常州先进制造技术研究所设计的 EXOP-1 外骨骼系统进入调试阶段。该系统采用航空铝合金制作，配备了 22 个传感器、6 个驱动器和 1 个控制器，价格约为 30 万元。与南京军区总医院研发的军用外骨骼系统和国外先进的外骨骼装备相比，EXOP-1 虽然同样能减轻穿戴

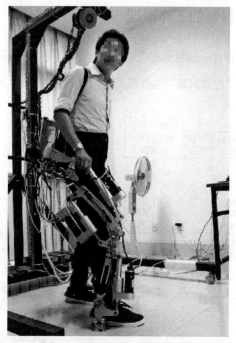

图1-22 中国科学院常州先进制造技术研究所设计的
EXOP-1外骨骼系统

者负重，但相对笨重，短期内难以投入使用。

2017 年，迈步机器人发布了 BEAR-H1 外骨骼机器人，其最大特点在于采用了柔性驱动器作为输出，并且是全球首款，主要用于帮助坐在轮椅上的人重新站立行走。

随着机器人技术的飞速发展以及机器人行业市场规模的不断扩大，企业与高校合作研究外骨骼机器人的模式逐渐增加，中国外骨骼机器人行业从研发阶段逐步迈入商业化阶段。动力外骨骼在医疗领域具有重要意义，但价格昂贵。民用外骨骼系统平均售价在 50 万元左右，仍需技术革新以降低成本并实现大众化推广。

## 1.5 人体外骨骼的工作原理

人体外骨骼设计一般包括整机设计、驱动器（机构）设计、控制策略三部分。其中的"控制策略"也就是人机实时交互和控制，是核心难点。

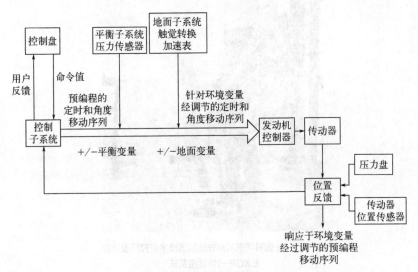

图1-23 REX控制系统

简要来说，控制策略可以概括为三个步骤：感知、判断和执行。

（1）感知

人体运动意图感知方法主要包括两种：基于生物力学信号和基于生物电学信号。生物力学信号是指人类运动时产生的力和动作，通过物理传感器可以测量人类在运动时的力和姿态。生物力学信号主要有角度信号、位置信号和触力觉信号，如关节角度、角速度、三轴加速度、足底压力信息、电容信息等。检测角度、位置信号的有角度传感器、增量编码器、位移传感器、三轴陀螺仪和加速度计等；用来检测触力觉信号的有压力传感器、扭矩传感器、触觉传感器、电阻应变式传感器等。

生物电信号是人体内部的电信号，如肌电信号（Electromyogram，EMG）、脑电信号（Electroencephalogram，EEG）、眼电信号（Electrooculography，EOG）、脑磁信号（Magnetoencephalogram，MEG）等，外骨骼控制最常用的是 EMG 信号和 EEG 信号。通过传感器可以测量这些信号并推断出人类的意图和动作，如肌电传感器可以通过测量肌肉电位来监测肌肉的收缩和放松。

（2）判断

人体外骨骼通常搭载计算机系统，该系统使用算法和模型分析前期捕获的信息，以判断佩戴者的意图和行为，并预测下一步动作。例如，如果人体外骨骼检测到佩戴者准备行走，它会调整自身姿态和支撑力，以帮助佩戴者行走。

（3）执行

人体外骨骼可以根据计算机系统的判断结果，启动电机、液压缸等驱动器件控制机械关节的运动，为佩戴者提供力量和支撑。例如，在行走时，人体外骨骼可以协调佩戴者膝关节和髋关节的运动。

## 1.6 人体外骨骼材料

由于人体外骨骼一般是可穿戴型的，所以要求组成材料的重量较轻，强度较高。人体外骨骼的组成材料一般不是单一的，而是复合型的。如美国 Ekso Bionics 公司的 Ekso NR 支架综合使用了铝、钛两种材料；新西兰 REX Bionics 公司生产的 REX 主要利用碳纤维材料，能够提供支撑用户所需的强度和刚度，并且最大限度地减轻系统重量；美国 SRI 国际公司推出的"超柔"（Super Flex）外骨骼控制器不仅使用了弹性材料，还使用了 4D 材料，这种材料能在低电流下应用高电压从柔性材料转变为硬质材料，实现设备的轻松穿戴并与用户紧密贴合。

表1-1 常见的人体外骨骼材料

| 材料名称 | 材料介绍 | 材料特性 |
|---|---|---|
| 高强度钢 | 抗拉强度和屈服点比软钢高的钢材 | 强度高，韧性高 |
| 钛合金 | 多种用钛与其他金属制成的合金 | 强度高，耐腐蚀，耐热性高 |
| 铝合金 | 以铝为基体添加一定量其他合金化元素的合金，是轻金属材料之一 | 强度高，良好的铸造性和塑性，耐腐蚀，力学性能、加工性能好 |
| 碳纤维 | 含碳量在90%以上的高强度、高模量纤维 | 重量轻，强度高，耐高温，抗摩擦，耐腐蚀 |
| 纳米材料 | 三维空间中至少有一维处于纳米尺寸（1～100nm）或由它们作为基本单元构成的材料 | 特殊力学性能，特殊光学性能，特殊磁学性能，特殊表面 |
| 柔性纺织材料 | 纤维及纤维制品，具体表现为纤维、纱线、织物及其复合物 | 重量轻，柔软，强度低 |
| 塑料 | 以树脂为主要成分而具有可塑性的材料及其制品 | 重量轻，化学稳定性好，强度低 |

图1-24 Ekso NR 外骨骼

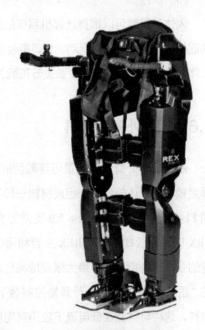

图1-25 REX 外骨骼

## 1.7 人体外骨骼的分类

① 根据应用部位不同，可分为上肢外骨骼、下肢外骨骼、全身外骨骼等。上肢外骨骼作用部位较为广泛，包含肩、上臂、前臂、腕、手，如瑞士 HOCOMA 公司的上肢辅助外骨骼式康复机器人 T-WREX、意大利 Pignolo 团队的双臂康复机器人系统 ARAMIS 等；下肢外骨骼主要作用于股部、膝部、小腿部和足部等，如英国索尔福德大学的下肢康复外骨骼、法国武器装备总署联合法国防务公司研制的警用外骨骼 HERCULE、荷兰的下肢交互性外骨骼 LOPES 等；全身外骨骼如美国 Sarcos 公司的 XOS 全身外骨骼系统。

② 根据驱动方式的不同，分为动力型和被动型外骨骼。动力型外骨骼根据执行机构不同，可分为电机驱动、液压驱动、气动驱动等，它主要使用外接能源来增强佩戴者的力量，多用于全身覆盖型的外骨骼设计；而被动型外骨骼不携带电源，所以多为半身设计，能够为腰背腿部提供有力支撑，被动型外骨骼利用传动结构承载佩戴者的大部分负重并以此减轻疲劳。由于便携性好、造价低廉，被动型外骨骼近年已在战场援助和体力型工业领域得到推广。

③ 根据使用功能的不同，分为增幅型和辅助型，前者主要运用在军事及工业领域，后者则在医疗领域较为常见。

④ 根据应用领域的不同，分为军用人体外骨骼、医用人体外骨骼、工业用人体外骨骼、消费级人体外骨骼等。

此外，还可以根据材料、控制方式、构造等进行分类。

## 1.8 困难与挑战

当前的机械外骨骼，仍面临四大核心问题：续航能源、信号采集、舒适保障和成本控制。

（1）续航能源方面

外骨骼机器人的主要技术难题是续航能力。目前的产品绝大多数采用蓄电池供电或内燃机发电，但除极个别如美军的 HULC 等产品外，续航能力普遍不足 24h，使得使用者需要在固定电源补充点附近活动，限制了使用者的活动范围，对于战场运作和户外搜救有致命的缺陷。

该缺陷虽然在民用领域（例如独立送外卖）和工业领域（例如固定位置的机械臂）中的影响不大，但续航能力不足会增加操作流程的不稳定性。因此，提高能源容量或改变充电方式以扩大使用者活动范围和提高效率，是外骨骼技术突破的重要方向。

（2）信号采集方面

外骨骼采集人体信号的方式主要分为基于生物力学信号和基于生物电学信号。生物力学传感器具有持续性、鲁棒性等优势，但力学信息产生于人体运动之后，故存在明显的时间滞后现象，不利于柔性人机交互的实现。而且力学传感器无法准确识别操作者的力和环境外力，增加了外骨骼机器人误判操作者的行为意图的风险，导致机器人不稳定或失控，严重威胁操作者的人身安全。

生物电学信号产生于运动发生之前，所以该方式具有响应快速的特点，但因其低频、幅值微弱、信噪比低、易受外界环境的影响等特点，使得其应用会表现出较差的鲁棒性。比如当操作者大量出汗时会干扰传感器的数据采集，使得外骨骼在进行动作的反馈时产生延迟。以 Cyberdyne 开发的第五代辅助外骨骼 HAL 为例，该系统采用 EMG 信号进行控制，但不同人的生物信号变化规律不同，仅对一位客户进行肌电信号标定和建模就需要 2 个月的时间。此外，在动态环境中保持传感器的精确度也是一个很大的挑战。

所以现在绝大多数的外骨骼利用生物力学信号获取人体意图，通过内置力学传感器判断用户的行为意图并实现实时受控。

（3）舒适保障方面

人体外骨骼穿戴于人体表面，作为贴身设备与肢体共同运动，所以外骨骼的设计与人机工程学息息相关，在设计时需充分考虑外骨骼的安全性、舒适性及有效性。目前人体外骨骼对人机工程学的应用主要体现在人体尺度匹配、人体运动协同、用户操作交互以及用户接触感受四个方面。虽然外骨骼技术已经取得了很大的进展，但在这四方面仍然存在一些挑战和不足之处。比如目前多数康复外骨骼采用捆绑穿戴，会导致压迫感、血液不畅、肌肉变形、定位精度受影响，甚至长时间穿戴对身体健康有负面影响。

（4）成本控制方面

不同于追求性能卓越的军工领域，普通用户更关注外骨骼的价格。国内外骨骼机器人公司受制于硬件生产成本和相关技术，无法实现大规模量产，导致产品价格高。国内医疗外骨骼机器人的价格普遍较高，一般在20万～50万元，虽然比进口产品便宜，但仍难以普及。尽管厂商希望降低价格，但高昂的研发成本仍是短期内价格下降的难点。在产品价格无法下调的情况下，商业化进程会变得更加艰难。

## 1.9 小结

目前人体外骨骼主要应用于军事、工业和医疗领域。后面将对各个领域的人体外骨骼进行详细介绍和分析。未来，消费级市场也会成为其广泛应用的场景，例如针对户外行走、徒步、爬山等活动，可以生产适用于膝盖、大腿、足部和手臂等单个部位的产品，并通过多元化和高自由度的设备组合方案，满足不同人群的各类需求。

随着人工智能、能源和材料技术的进步，未来人体外骨骼的制约因素将逐渐消失。同时，续航、意图识别和人机融合等问题也会得到解决，使外骨骼在生活场景中得到广泛应用，帮助我们探索超越人体极限的领域。

# 第二章　军用人体外骨骼

人体外骨骼发源自军事领域，世界上很多国家为了应对军事变革，都在大力提升单兵作战能力。在徒步行军时，全副武装的士兵需要携行自己的武器弹药、防护装具、野营装具以及食品、水等生活补给品，负重能力的极限值通常是几十千克。在作战行动中，士兵往往需要背负更多、更重的武器装备和作战物资，体能消耗大，严重影响行动敏捷性和机动能力。尤其是在一些特殊地形如高原山地、山岳丛林、沙漠等作战时，背负大量装备物资的士兵体能消耗更大、更快。

20世纪60年代，美国国防高级研究计划局（DARPA）开始研究军用动力外骨骼。1961年，美国康奈尔航空实验室开始研发Man-Amplifier外骨骼。从2000年开始，美国军方率先开展对增强人体机能的外骨骼机器人的研究，其目的是设计增强型军用装甲以提高士兵个人防护能力。美国政府出资数千万美元先后与加州大学伯克利分校机器人和人体工程实验室、Oak Ridge美国国家实验室、美国Sarcos Robotic公司等研究单位进行合作，要求研究出具有自身能源供应装置、现代化通信系统、传感系统、作战武器系统、吨级负荷能力、高速运动能力以及保护功能的外骨骼机器人。

随着科学技术的飞速发展，战争形态已经从机械化迈向信息化。近年来人工智能、大数据、云计算迅速崛起，未来战争必将由信息化转向智能化。战场形态越来越趋近小型化、特种化，所以单兵作战能力就显得越来越重要，战场上要求士兵拥有超强的作战能力及侦察能力，但是有时候受到地形、负重等因素的限制，人体机能的极限已经无法适应瞬息万变的战场情况。在这种情况下，能够提高士兵身体机能的外骨骼装备就成为解决这个问题的最好方案，外骨骼技术作为一项前沿科技，势必在未来战场上起到很大的作用，具有十分广阔的应用前景。

# 2.1　案例一：BLEEX

## 2.1.1　产品简介

美国加州大学伯克利分校于 2004 年研制出第一台配有移动电源、能够负重的下肢外骨骼机器人 BLEEX，它是一种高效自主且能携带外部负载的外骨骼。类似于 Hardiman 项目，这种全身式外骨骼采用电驱动增强人的能力。

图2-1　BLEEX外骨骼效果图

BLEEX 外骨骼是一个旨在人运动能力和负重能力的下肢机器人。BLEEX 将负载施加的力转移到地面上。为了解决步行外骨骼的设计所固有的复杂性，BLEEX 项目开发了一种新的控制方案，从而忽略了人或人机交互之间的测量误差，确保了外骨骼能给予操纵者很小的相互作用力。控制器只基于外骨骼上的测量结果来判断在控制器感知到很小的力时如何移动。

BLEEX 控制的基本原则是基于外骨骼需要迅速响应穿戴者自主和不自主的动作，不得有延迟这一概念。这需要作用在外骨骼上所有的力和力矩控制器具有高级别的灵敏度。BLEEX 通过只从 BLEEX 本身测量变量来增加闭环控制系统对操纵者的力和力矩的感知灵敏度。

## 2.1.2 产品概览

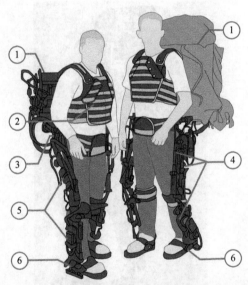

| 项目 | 名称 | 备注 |
|------|------|------|
| 1 | 液压动力源 | 液压动力源和有效载荷位于背包的上部 |
| 2 | 背心 | 连接到飞行员背心上的坚硬的背心 |
| 3 | 控制器 | 中央控制计算机占据背包的较低部分 |
| 4 | 执行器 | 脚踝、膝盖和臀部的执行器 |
| 5 | 控制区域 | 控制网络的两个远程 i/o 模块 |
| 6 | 足部连接 | 脚跟和飞行员靴子之间的刚性连接 |

图2-2 BLEEX 外骨骼结构

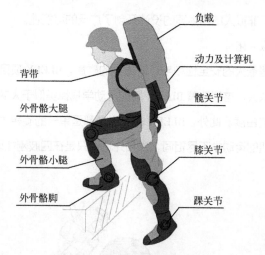

图2-3 BLEEX外骨骼使用场景

由于 BLEEX 是伪拟人化，它的髋关节、膝关节和踝关节类似于人的，但是这些关节在细节上不同于人体的。BLEEX 每条腿总共有七个自由度：

■ 髋关节上有三个自由度；

■ 膝关节上有一个自由度（矢平面单一旋转）；

■ 踝关节上有三个自由度。

下肢外骨骼设计的基础是选择腿的整体结构。关节和肢体的很多不同布局可以结合起来形成一个有功能的腿，但结构一般可分为以下三类：

（1）拟人结构

拟人结构企图完全匹配人的腿。通过运动学匹配人体的自由度和肢体长度，外骨骼腿的姿态准确地模仿人腿的姿态。这大大简化了很多设计问题。

（2）非拟人结构

虽然在外骨骼设计中不常用，但很多非拟人化设备却是非常成功的，例如自行车。非拟人结构为腿的设计开创了广泛的可能性。

（3）伪拟人化

为了获得最大的安全性和与环境最小的碰撞，BLEEX 项目选择的体系结构几乎是拟人。这意味着 BLEEX 腿的运动学规律类似于人的，但不包括人腿所有的自由度。此外，BLEEX 的自由度都是单一的旋转关节。由于人和外骨骼的腿的运动学不尽相同，人和外骨骼只是在四肢刚性地连接着。

图2-4　拟人结构的例子

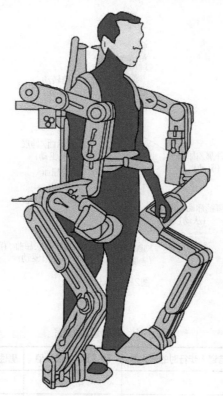

图2-5　非拟人结构的例子

## 2.1.3　技术原理

- BLEEX 有两个动力拟人腿，单腿有七个自由度。

- 连杆采用轻质钛合金材料。

- 混合液动 - 电动能量供给单元，能源可维持 20h 持续工作。

- 直线液压驱动（小巧、轻质、大力）。

- 自重 38kg，最大负载 37kg，最大负载步行速度 0.9m/s，无负载步行速度 1.3m/s。

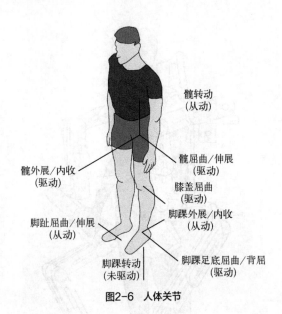

髋转动
（从动）

髋屈曲/伸展
（驱动）

髋外展/内收
（驱动）

膝盖屈曲
（驱动）

脚趾屈曲/伸展
（从动）

脚踝外展/内收
（从动）

脚踝转动
（未驱动）

脚踝足底屈曲/背屈
（驱动）

图2-6　人体关节

表2-1　关节运动数据

| 项目 | 普通人步行时的最大值 | BLEEX的最大值 | 男性军人最大值平均值 |
| --- | --- | --- | --- |
| 踝关节弯曲 | 14.1° | 45° | 35° |
| 踝关节伸展 | 20.6° | 45° | 38° |
| 踝关节外展 | 无效 | 20° | 23° |
| 踝关节内收 | 无效 | 20° | 24° |
| 膝关节弯曲 | 73.5° | 121° | 159° |
| 髋关节弯曲 | 32.2° | 121° | 125° |
| 髋关节伸展 | 22.5° | 10° | 无效 |
| 髋关节外展 | 7.9° | 16° | 53° |
| 髋关节内收 | 6.4° | 16° | 31° |
| 外侧完全旋转 | 13.2° | 35° | 73° |
| 内侧完全旋转 | 1.6° | 35° | 60° |

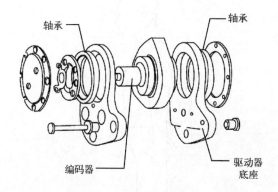

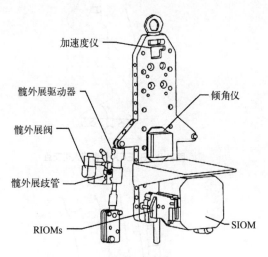

图2-7 外骨骼轴承组成部件

BLEEX 的受驱动关节都装有航空轴承，以克服偏轴距和摩擦力的影响，保持小端面、无间隙和低摩擦特性。每条腿装有 40 多个不同类型的传感器，实时获取运动及力等信息。

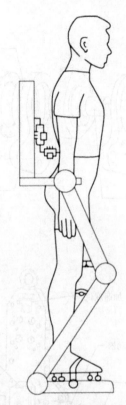

图2-8 BLEEX外骨骼人机交互

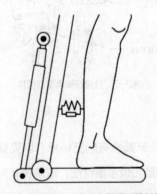

图2-9 BLEEX外骨骼人机交互足部特写

BLEEX 外骨骼的不同之处在于它的设计理念。通过限制外骨骼与操作者的交互和信息传递，不仅提高了响应，也省去了很多额外的传感器。三是应用人体工程学。

依据传感器信息，基于最小化人机交互作用设计控制策略，控制 BLEEX 伴随人体运动，保证了人体运动的安全、自由。混合能量供给单元，液压驱动关节运动，电源供给传感器、计算机和控制系统，电路采用高速同步环状网络拓扑结构，保证数据采集、处理的实时性。

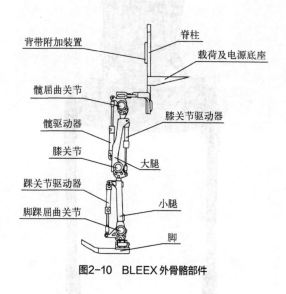

图2-10　BLEEX 外骨骼部件

## 2.2　案例二：Fortis

### 2.2.1　产品简介

洛克希德·马丁公司研制的新外骨骼就真的像一套骨骼——一套金属支点构成的框架，其被称作 Fortis。

Fortis 没有提升穿戴者力量的动力装置，只是简单地承受穿戴者的负重。Fortis 外骨骼不能在战场上使用，但洛克希德·马丁公司计划将 Fortis 外骨骼出售给船厂焊接工、维护员及其他需要长时间使用沉重工具的人。

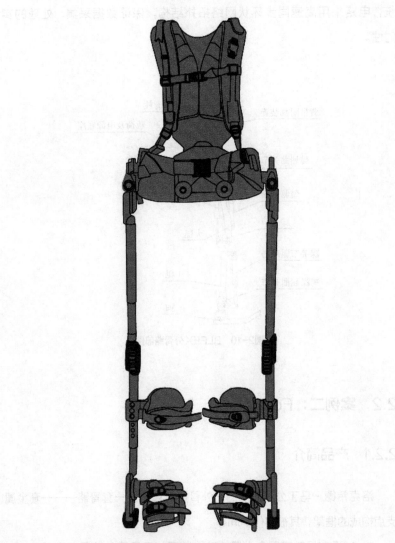

图2-11　Fortis

图2-12 Fortis 外骨骼效果图

Fortis 外骨骼配套工具臂能够固定在佩戴者腰部，洛克希德·马丁公司表示该设计能够帮助作业人员降低 2/3 的疲劳感，提高生产力，增进工作质量并降低肌肉伤害风险。尽管 Fortis 外骨骼配套工具臂不像整个 Fortis 套件那样能提供机动性能，但公司高管 Glenn Kuller 称"在某些情况下，你只是需要 Fortis 外骨骼套件能够提供对重物的支撑，而不是那么需要高移动性"。就像那些需要举起平台重物、维修汽车的工人们，他们希望使用一些工具来提高效率。单独拆分发售的 Fortis 外骨骼配套工具臂正是基于这种概念诞生的。

## 2.2.2　产品概览

| 项目 | 名称 | 作用 |
|------|------|------|
| 1 | 加强机械臂 | 助力使用者轻松举起16kg的物品 |
| 2 | 腿部辅助支撑 | 增加使用者耐力，减少肌肉疲劳 |
| 3 | 足部助力 | 将工作效率提高27倍 |

图2-13　Fortis 外骨骼结构

　　Fortis 外骨骼能够为穿戴者带来更加强大的力量，而且本身非常轻便。它未来将用于海军的舰船维护工作，辅助维修人员搬动更重的物品。Fortis 的项目总监表示，舰船维护通常需要维修人员经常搬动如研磨机、铆钉机等大型设备，借助 Fortis 外骨骼，维修人员可以在重体力劳动中变得轻松，减少体力浪费并能更长久地工作。

　　据介绍，洛克希德·马丁公司耗时 5 年研发了这款 Fortis 外骨骼设备，并获得了美国国防部的订单。辅助舰船维护工作只是当前的应用，未来美国国防部希望将该项技术应用到更多的防务工作甚至是战斗当中。

## 2.2.3　技术原理

Fortis 外骨骼可以通过机器装置将人体负重转移到地面，帮助站立和半跪状态的用户减轻负担，举重若轻地使用重型工具。

该装置采用高级人体工学设计，可以随着人体的移动而移动，适合不同身高和体型的人使用。其中的机械臂可以帮助用户轻轻松松举起 16kg 的重物，有助于缓解肌肉疲劳，大大提升工作效率。

图2-14　Fortis 外骨骼侧面

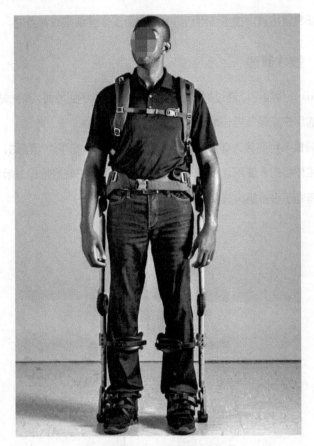

图2-15　Fortis外骨骼人机效果图

## 2.2.4　应用场景

目前美国海军正在将Fortis外骨骼装置应用于海豹突击队（SEAL）。该外骨骼系统广泛应用于军事、工业等领域。洛克希德·马丁公司正在研发下一代轻量级、不插电外骨骼，用来提升士兵的力量、持久力和灵活性。

图2-16 穿着Fortis外骨骼工作的效果图

## 2.3 案例三: HULC

### 2.3.1 产品简介

据洛克希德·马丁公司称，HULC 的最大负重超过 100kg，全部由背上的托盘承担，再通过机械腿直接传递到地面，穿戴者几乎感觉不到任何重量。HULC 身体上半部分的承载部位可以按照需求进行配置。目前选项有抓起炮弹的抓钩、抓起重型枪械的特制吊钩等，当然也可以根据军方的要求专门设计承载装置。

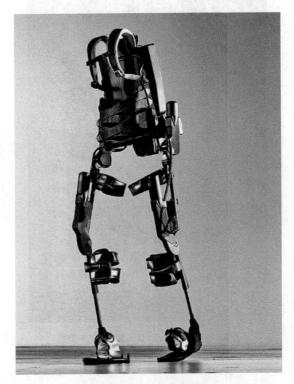

图2-17　HULC外骨骼效果图

　　HULC总重32kg，其动力源为两块总质量为3.6kg的锂聚合物电池。在一次充满电后，可保证穿戴者以4.8km/h的速度背负90kg重物连续行进1h。穿着HULC系统的冲刺速度，则可达到16km/h。在电池电力耗尽时，系统仍然能够正常工作。较之以前，身穿"金属骨骼"的士兵在战场上能够更快速并且更容易地转移伤员，撤退时可毫不费力地带走沉重的设备。

　　试验显示，HULC 系统能够明显降低人体对氧气的消耗量。据统计，试验人员穿戴上"金属骨骼"后背负 36.7kg 重的物资，以 3.2km/h 的速度行进，其氧气的消耗量比不穿"金属骨骼"时减少大约 15%。而氧气消耗量越大，人就会越疲劳。

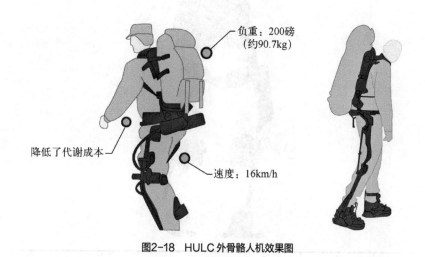

　　负重：200磅（约90.7kg）

降低了代谢成本

速度：16km/h

图2-18　HULC 外骨骼人机效果图

　　HULC 系统虽然性能先进，但控制并不复杂，无需通过操纵杆或其他机械装置进行控制，先进的便携式微型计算机可以让这种外骨骼与士兵们的四肢运动保持协调一致，与士兵完美配合。

　　HULC 是第三代外骨骼系统，它结合了 ExoHiker 和 ExoClimber 的功能，具有两个独立的特性：

● 在不妨碍佩戴者的情况下，它最多可以负重 90.7kg（增强力量）。

● 它降低了佩戴者的新陈代谢成本（增强耐力）。

　　ExoHiker 设计用于在长期任务中携带重物，ExoClimber 旨在允许快速爬楼梯和陡坡，同时提供与 ExoHiker 相同的长期承载能力。

## 2.3.2 产品概览

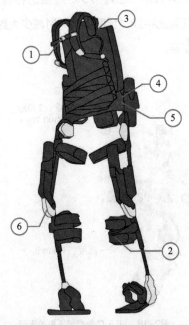

| 项目 | 名称 | 作用 |
|---|---|---|
| 1 | 智能检测 | 连接到传感器的微型计数器检测佩戴者的运动，然后计算加速度计中的运动来匹配它们 |
| 2 | 钛框架 | HULC的钛合金框架足够轻，可以保证它的形状，但也足够坚固，可以承受工具箱的重量 |
| 3 | 负重区域 | 外骨骼可以携带54kg的组件。外壳可以让它们轻松地携带90.7kg的重量 |
| 4 | 力量中心 | 可充电的锂离子电池可提供4~5h的电力，当电力耗尽时可更换 |
| 5 | 发动机 | 安装在后面，驱动外骨骼的液压系统 |
| 6 | 腿部活塞 | 连接处的液压装置提供动作，使士兵行走、奔跑、弯曲、爬行或跳跃而不损失任何体力 |

图2-19 HULC外骨骼结构

● 传动机制：把重量通过电池供电和液压驱动的金属骨骼转移到地面上。

● 处理器：便携式微型计算机可以使得这种外骨骼与士兵们的运动保持协调一致。

● 动力：液压驱动。

● 穿戴：完全非捆绑式。

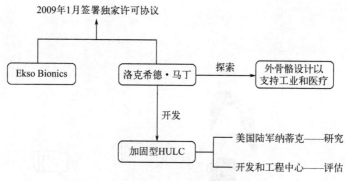

图2-20　洛克希德·马丁公司外骨骼研发模式

HULC 是一种下肢通用负重平台，它可以通过添加配件来适应特定的任务，例如物流。洛克希德·马丁公司最近发布了一个新的产品，用于连接到 HULC 系统并为用户提供升力辅助装置。

HULC 的功能用途有以下几点：

一是增强打击能力。士兵能携带更多的和火力更大的武器装备，是提高单兵打击能力的核心。

二是提高防护能力。由于 HULC 的承载能力远超人体，可以在其上加装适合单兵的复合材料装甲，将单兵防护提高到一个新的水平。

　　三是提高机动能力。普通人走路的速度为 6 ～ 10km/h，但是士兵通常要携带很重的军需品，很难快速行进。而 HULC 前后皆可负重，可在水平地面以 4km/h 的速度行进 20km，持续最大速度为 11km/h，爆发最大速度为 16km/h，这将大大提高单兵的机动能力。

　　四是提高战场感知能力。HULC 可以加装传感器系统，以加强士兵的战场态势感知能力。

### 2.3.3　技术原理

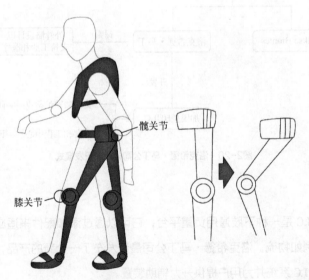

图2-21　HULC外骨骼人机

　　● HULC 为髋关节和膝关节提供动力辅助。创新的液压架构非常高效，使系统能够依靠电池运行。

　　● HULC 也很容易穿上。士兵只需伸出一条腿并踏入靴子下方的脚垫然后将带子缠绕在大腿、腰部和肩部。

● 脚垫中的传感器将信息传递给板载微型计算机，该微型计算机移动液压系统以放大和增强穿着者的运动。该系统的灵活性允许士兵奔跑、行走、跪下、爬行，甚至可以进行低蹲。

● 没有操纵杆或控制机构，取而代之的是传感器检测运动，并使用板载微型计算机，使装备与身体同步移动。该系统的钛合金结构和液压动力增强了士兵的能力、力量，而其模块化使得组件可以轻松切换和更换。

### 2.3.4 使用场景

HULC可用于非战斗场合和非战斗任务。

(a) 山地行军　　　　　　　　(b) 后勤运输

图2-22

(c) 装备维修                    (d) 营房维修

图2-22　使用场景

## 2.4　案例四：ONYX外骨骼系统

### 2.4.1　产品简介

　　2019年美国陆军协会（AUSA）年会上，洛克希德·马丁公司展示了他们研发的ONYX士兵外骨骼系统。该系统由加拿大B-temia公司提供支持，是一款下半身可穿戴外骨骼系统，可有效减轻穿戴者背部和腿部负荷。ONYX配有一整套综合传感器以及一台人工智能（AI）计算机，可以根据士兵所处地形或者士兵背负载荷来调整功率，可以有效抵消人体背部以及腿部的过度应力，进而帮助士兵减轻压力。ONYX整机重6.4kg，在极限的状态下（一直保持在电动机制动器最高出力），ONYX外骨骼的电池可以运作8h，例如持续负重跑步8h，虽然外骨骼不会让士兵跑得飞快，也不会给士兵超人的力量，也不提供额外的防御力，但它会让士兵减少疲倦，能帮助保护士兵的下肢关节（关节磨损、半月板损伤在各国军队中都是常见病）。

图2-23 ONYX外骨骼腿部

## 2.4.2 产品概览

现在士兵的装备越来越重，这是某种死循环：步兵武器火力提升，需要的防弹衣更重，同时又需要更强的火力打穿重型防弹衣，武器口径变大，武器和弹药变得更重 [ 比如，0.338 英寸（约 8.6mm）口径机枪之所以普及不开就是子弹太重，尺寸也大 ]。即为了应对火力提升，进一步加强防弹衣，为了打穿防弹衣，火力需要再提升。

| 项目 | 名称 | 备注 |
|---|---|---|
| 1 | 框架 | 缠绕在士兵的腿上，并附在腰部的皮带上 |
| 2 | 传感器 | 腰带连接到柔韧的臀部传感器，这个传感器可以指导外骨骼的所有动作 |
| 3 | 锂电池 | 驱动器、电动机和轻型结构都是由可充电锂离子电池供电 |

图2-24　ONYX外骨骼结构

问：腿部动力外骨骼能让人有超人般的体能吗？跑步会变快吗？

答：穿上ONYX后，其实你的跑步速度就跟穿上以前一样快，换句话说，它并不会让你变得更快，但却可以让你变得更强壮。在测试中，曾经让女性测试员背负18kg的背包爬山，然而她的速度就像无负重爬山一样，感觉不到背包的沉重感，因为动力外骨骼提供必要的力量，让测试员可以得到足够的额外帮助。

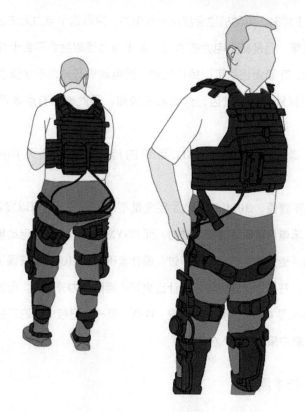

图2-25 ONYX外骨骼

问：这套外骨骼可以连续工作多久？电力耗尽后会卡死吗？

答：在极限的状态下，ONYX外骨骼的电池可以连续运作 8h，而这里的极限状态，是指一直保持在制动器最高出力的情况，例如持续负重跑步 8h，换句话说，以这种状态连续工作，早在电力耗尽前人就累倒了。

在正常情况下，电池通常可以提供 30 ～ 40h 的动力，而要将电池完全充满，大概只需要 4h 的时间。这 30 ～ 40h 完全看使用者怎么使用，且

ONYX 在下坡时，电动机也会放出一些电力，只是这个电力无法达到"充电"的效果，而是减少电力的消耗。至于电力耗尽后会不会卡死，答案是不会的，穿着者还是可以持续运动，而电动机开关也不会像很多科幻电影里那样锁死，不过因为这套系统较重，因此感觉有点像是在水里走路。

问：请问 ONYX 算是 HULC 系统的延续吗？是否是 HULC 的改良版？

答：不算是，HULC 和 ONYX 完全是不同的系统，你可以发现 HULC 比较大、笨重且依靠液压提供动力，而 ONYX 完全依赖的是电动机制动器提供动力，更为灵活且贴身。不过，设计者确实从 HULC 上获得了很多宝贵的经验，并运用这些经验去设计出更好的腿部动力外骨骼，而这个外骨骼的成品就是 ONYX。要注意的是，ONYX 是一种已经成熟的产品，是直接可以让客户采纳并投入使用的。

## 2.4.3　技术原理

ONYX 外骨骼系统是一款下半身可穿戴装备，采用电动膝盖制动器、传感器、智能计算机以获取穿戴者的运动行为，在恰当时间输出扭矩，协助穿戴者在陡坡行走、托举或拖拽重物，可有效减轻穿戴者腿部、背部的负荷。由于人体下肢承受主要的负重，士兵肢体损伤也多发于下肢，因此 ONYX 外骨骼系统主要侧重于下肢部分的设计。它需要电力，不过耗电量不大，可以连续使用 8h。另外，ONYX 能够防水防尘，不会因士兵面临恶劣的环境而故障。洛克希德·马丁公司未来还将研制 ONYX 外骨骼系统上肢装置，整体的 ONYX 外骨骼系统可能应用到特种作战司令部正在研发的战术突击轻型作战服（TALOS）中。

## 2.4.4 使用场景

(a) 演示中穿着这套系统的士兵能够很轻松地抱着155mm炮弹爬坡

(b) 扛着155mm炮弹做蹲起

**图2-26 使用场景**

## 2.5 案例五：PowerWalk

### 2.5.1 产品简介

图2-27 PowerWalk 实物

图2-28 PowerWalk 外骨骼结构

Bionic Power 是一家专注于可穿戴充电技术开发的公司，具体来说就是利用人体运动时产生的动能来发电并给电池充电。在这一理念下，Bionic Power 开发出了第一款仿生膝盖 PowerWalk 动能收集器，佩戴这一产品能让人在行走时产生 10 ~ 12W 的输出功率。另外，Bionic Power 也在探索 PowerWalk 在娱乐休闲和应急准备中的能源替代应用，计划开发出消费级别产品，给大众提供一种自给自足的能源供应方式。

2017 年 12 月，Bionic Power 获得加拿大政府百万加元级别的合同资助，以扶持其技术创新。

PowerWalk 的卖点是：如果一个标准的任务部署被认为是 72h，那么一名士兵需要为他或她携带的所有电子设备如 GPS、夜视仪、通信设备等提供足够的电力（电池电量）。这可能相当于 7 ~ 9kg 的电池。使用 PowerWalk，可以使用更小的可充电电池，外骨骼在执行任务期间可为设备充电。

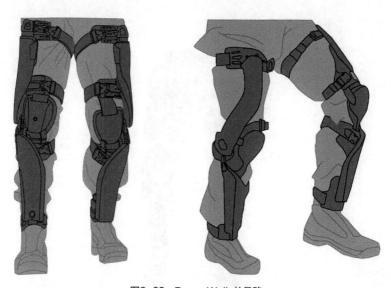

图2-29 PowerWalk 外骨骼

当使用 PowerWalk 后，士兵就无需携带那些笨重的备用电池，减轻了负重压力，或者在相同负重下给其他重要的供应提供了增加的空间。而对于后勤供应来说，大量减少电池的使用不仅降低了成本，也减轻了后勤配送的压力。

据 Bionic Power 测算，在一个典型的任务日中，PowerWalk 可以在电池上节省 135 美元。假设每年有 200 天的任务日，单个士兵每年可节省 2.7 万美元。

## 2.5.2　产品概览

该装置就像外骨骼一样能够覆盖膝盖及腿部肌肉，并且能将人体行走时的动能转化为电能，从而为电子设备供电，且还能减缓行动时产生的疲劳感。通过该装置发电，不仅可以减少不必要的负重，还可以降低对补给的依赖，并且能够延长任务行动期限。

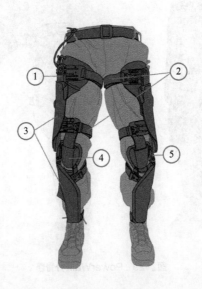

| 项目 | 名称 | 备注 |
|------|------|------|
| 1 | 支持部 | 连接部分，起到支撑作用，减少士兵腿部压力 |
| 2 | 绑带 | 固定外骨骼 |
| 3 | 蓄电池 | 外骨骼主要结构，除支撑作用外还可以将运动转化的电储存起来，留以备用 |
| 4 | 护膝 | 起到保护和连接作用 |
| 5 | 转换装置 | 关节处通过佩戴者的关节转动，将动能转化为电能后储存的装置 |

图2-30 PowerWalk外骨骼结构展示线框图

## 2.5.3 技术原理

据悉，该装置最高能够输出 10 ～ 12W 的电力，以 5km/h 的速度行走 1h，能够产生并存储足够 4 部智能手机使用的电力。

PowerWalk 拥有一种神奇的变速装置，能够将膝盖的主动速度转变成对发电机更有效率的高速转动，以便蓄电。

当行走时，脚踝和臀部的肌肉会做正功来驱动前进，而膝盖附近的肌肉会做负功来减缓肢体的速度或吸收冲击力。PowerWalk 就通过收集膝盖区域肌肉做负功的能量来发电，并且不需要佩戴者增加额外的新陈代谢活动。随着佩戴者每一步的动作，PowerWalk 板载微处理器都会分析佩戴者的步态，从而精确地确定何时以最少的工作来产生最大的功率。

## 2.5.4 使用场景

主要用于需要通信和导航设备、辅助作战设备。

# 第三章　医用人体外骨骼

医用人体外骨骼可帮助老年人、残疾人以及中风、偏瘫患者等群体进行康复训练，也是当前中国外骨骼机器人行业的主要应用领域。以色列 ReWalk Robotics、日本 Cyberdyne 及美国 Ekso Bionics 是全球外骨骼在医疗康复领域的头部企业。

医用人体外骨骼能够帮助运动功能障碍患者进行有效的辅助康复，使广大患者回归正常生活，具有实用价值和市场价值，是医疗卫生装备信息化、智能化的重要发展方向。

医用人体外骨骼按功能可分为康复训练、运动辅助两类。康复外骨骼是辅助运动功能障碍患者进行康复训练的重要载体，可帮助瘫痪者重建站立和行走能力；运动辅助外骨骼主要辅助患者完成日常的肢体活动。按照作用部位可分为上肢、下肢外骨骼。上肢主要包括腰、手臂、手腕、手指等部位；下肢主要包括脚踝、膝盖、臀、腿等部位。除此，医用人体外骨骼还分为固定式、可移动式、动力式、被动式等类别。

# 3.1 案例一：Ekso NR——下肢康复外骨骼

## 3.1.1 产品简介

美国 Ekso Bionics 公司成立于 2005 年，是一家医疗与工业机械外骨骼开发商，其致力于发展最先进的复健机械外骨骼辅具。2019 年，公司推出 Ekso NR，为市场上最受欢迎的机械外骨骼装置 Ekso GT 的后继版本。Ekso NR 是第一批获得美国食品和药物管理局（Food and Drug Administration，FDA）批准用于获得性脑损伤、中风、脊髓损伤、多发性硬化症的外骨骼，除了 FDA 许可外，Ekso NR 还具有欧洲共同市场安全标志 CE（Conformite Europeenne，CE），可在欧洲使用。

图3-1 Ekso NR

　　Ekso NR 旨在帮助患者在康复期间站立和行走，为脊柱、躯干和腿部（包括髋关节、膝关节和踝关节）提供必要的支持，增强患者行走能力。设备重达 23kg，由铝、钛支架和环绕腿部的电机组成，由佩戴者背部的电脑控制。

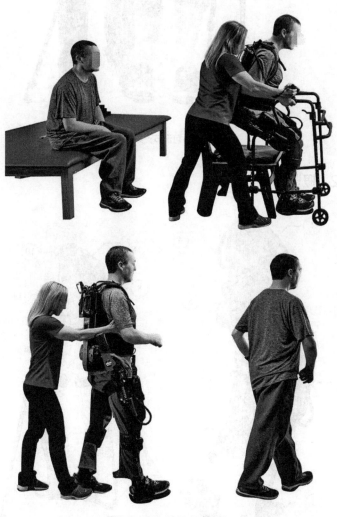

图3-2　Ekso NR 行走训练

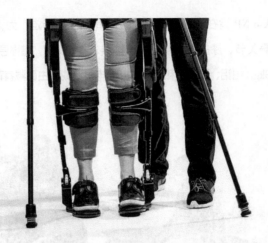

图3-3　可调节支撑底座

## 3.1.2 概览

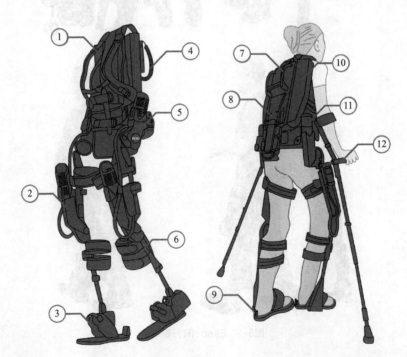

| 项目 | 名称 | 作用 |
|------|------|------|
| 1 | 刚性背板 | 固定姿势 |
| 2 | 传感器 | 收集人体运动信息 |
| 3 | 脚踝带 | 固定脚踝 |
| 4 | 传输线 | 传输数据 |
| 5 | 支撑底座 | 调节臀部设备宽度和外展，增加活动度 |
| 6 | 膝部调节带 | 固定膝部 |
| 7 | 把手 | 辅助治疗师控制设备 |
| 8 | 计算机 | 接收传感器数据 |
| 9 | 脚跟钉 | 固定位置 |
| 10 | 锂电池 | 提供动力 |
| 11 | 电机 | 驱动臀部、膝盖的运动 |
| 12 | 智能拐杖 | 提供人体支撑力控制设备 |

图3-4　Ekso NR 系统组件

　　Ekso NR 包含一套软件工具——Smart Assist 软件，软件能够利用传感器以适应性步态训练患者并持续监测与调节腿部移动方式，防止患者进行代偿运动，训练病患保持平衡、转移重心、深蹲、就地踏入、坐下等一般的动作，帮助他们恢复自然步态而不会感到不适。软件也可根据不同的神经损伤程度调整 Ekso NR 提供的支撑力，从完全支撑到由病患需求主动触发支撑，以保持步态更平顺、自然。复健过程中 Ekso NR 收集的病患行走时间、距离、速度等资料都安全储存在 Ekso Pulse 云端，可帮助治疗师分析复杂的运动模式并记录患者康复进展。

　　触控屏幕界面能以可视化方式呈现平衡、步态训练、单脚站立、蹲坐、转换立姿等动作，不仅可以为临床医师或物理治疗师提供康复过程的反馈，也可实时为病患的单侧腿部设定训练目标及修改。通过屏幕显示、性能统计和纠正步态的听觉提示，并提供实时反馈，有助于患者康复训练。

图3-5　Smart Assist软件的使用

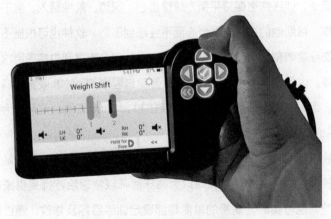

图3-6　Ekso View触控屏控制装置

### 3.1.3 技术原理

Ekso NR 由两组可充电锂离子电池提供动力，四个电机驱动着臀部和双侧髋、膝关节的运动，计算机通过接收来自 15 个传感器的数据控制腿部运动，传感器检测患者是否倾斜，并向治疗师提供反馈，以帮助改善患者步态。

外骨骼设备可以驱动用户的一个或多个下肢关节，提供一些主动平衡控制。对于腿部功能受损患者，他们不能使用传统的行走辅助工具（如助行器或拐杖）完成站立、行走等活动。Ekso Bionics 公司通过在外骨骼中增加额外的触觉反馈——振动触觉反馈，补偿患者因感觉运动系统受损而导致的感觉信号缺失或减弱，提供实时平衡反馈，提高患者的活动能力，并为治疗师提供即时的量化结果，从而改善训练过程。振动触觉反馈应用于胸部部位，相较于手、胳膊等部位，它具备较大的接触面积，并且位置相对稳定不易受各种活动的影响，它可以佩戴在第四胸椎（T4）或以上的胸部。振动触觉反馈承载于一条 7.6cm 宽的弹性振动带（Vibe Belt）上，用于接收外骨骼主处理器的输出指令，通过外设接口（SPI）总线实现数据传输。

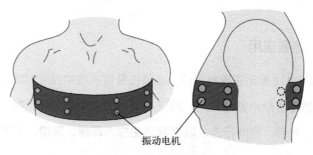

振动电机

图3-7 振动电机分布图

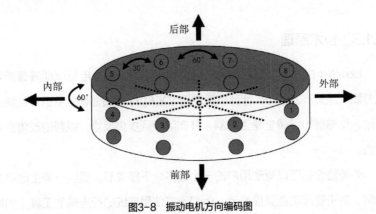

图3-8 振动电机方向编码图

振动带由 12V 直流电源供电，设置 16 个振动电机，分两行排布，每行放置八个，两个振动电机相对于振动带的中心在每个基本方向上间隔约 30°。成套的两个振动电机与对角线方向间隔大约 15°。16 个振动电机用来编码八个方向，分别为四个基本方向（A/P 和 M/L 即前／后、内／外侧）和四个对角线方向。四个电机控制一个方向，并且在同一时间以相同的强度被激活，触觉强度的尺度可根据使用者的情况校准。例如，振动电机方向编码图中的电机 2 和 3 以及它们下方的一排相同电机同时以相同的强度被激发，表明用户从前面的方向得到了振动触觉反馈。

## 3.1.4　场景应用

Ekso NR 主要用于康复治疗，必须由复健机构中完成训练课程的合格专业物理治疗师监督使用，所以多应用于医院或复健机构。设备支持向前、向后、侧向行走，以及帮助坐立、踩踏、深蹲、上下台阶等活动。

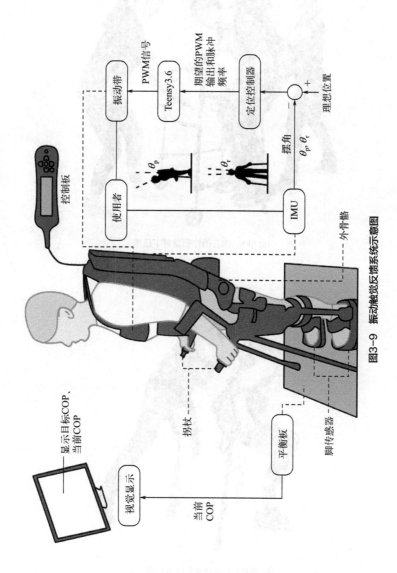

图3-9　振动触觉反馈系统示意图

(a) Ekso NR在治疗师监督下使用

(b) 用户在Ekso NR支持下坐立

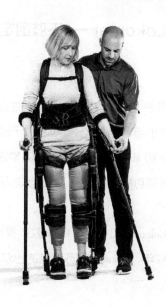

(c) 用户在Ekso NR支持下行走

图3-10　场景应用

## 3.2 案例二：Lokomat——下肢固定康复外骨骼

### 3.2.1 产品简介

Hocoma 公司是开发、制造和销售用于功能性运动治疗的机器人和基于传感器的设备的全球市场领导者。公司总部位于瑞士，由电气和生物医学工程师 Gery Colombo 和 Matthias Jörg 以及经济学家 Peter Hostettler 于 1996 年成立。公司针对运动功能障碍问题，提出步态与平衡、手臂和手等多方面解决方案。

1995 年，Gery Colombo 和 Volker Dietz 教授提出开发自动跑步机训练的第一个想法。1996 年，Hocoma 与苏黎世的巴尔格里斯特大学医院合作

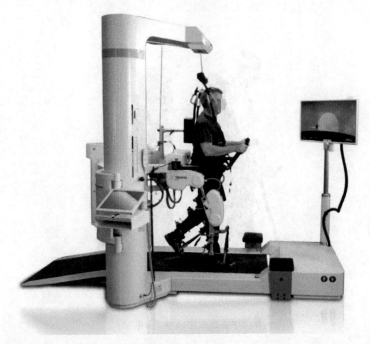

图3-11 Lokomat

生产 Lokomat 第一个原型。2000 年，Lokomat 达到市场成熟。Lokomat 下肢外骨骼机器人主要帮助脊髓损伤、脑卒中、脑瘫患者和其他神经系统疾病引起的行走障碍的患者进行步态平衡训练。设备运用增强反馈的训练方式，并且只需一名治疗师，即能完成对患者的康复治疗。

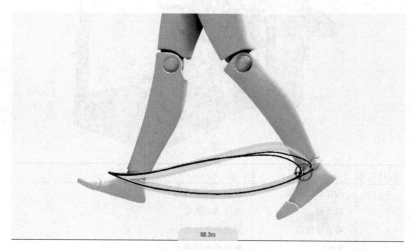

96.3m

**图3-12　步态训练轨迹**

Lokomat 系统由可调节的外骨骼式下肢步态矫正驱动装置、智能减重系统、医用跑台、矫形器、显示屏组成。外骨骼通过高度模仿人体生理步态的运动模式，并不断重复，实现步态、步速、步幅的强化，从而改善患者步态。

## 3.2.2　产品概览

（1）矫形器

Lokomat Pro 可以安装成人标准矫形器或儿童矫形器，这些矫形器作为

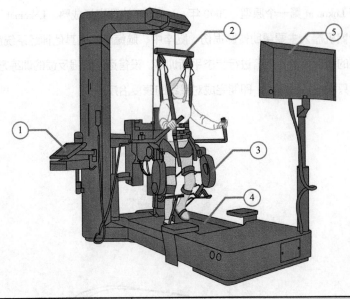

| 项目 | 名称 | 作用 |
|------|--------|------|
| 1 | 治疗师显示屏 | 操控、评估训练 |
| 2 | 减重器 | 支撑动态体重 |
| 3 | 步态矫形器 | 辅助腿部运动 |
| 4 | 跑台 | 提供步态训练 |
| 5 | 患者显示屏 | 反馈训练效果 |

图3-13　Lokomat 结构组成

可选模块提供。儿童矫形器通过提供一套特殊的安全带来容纳儿童，安全带为股骨在 21～35cm 之间的患者提供精确的贴合度。两套可互换的装置可以很容易地由治疗师更换，并且能提供相同的治疗效果。

（2）步态训练评估反馈系统

Lokomat 步态训练评估反馈系统基于脑功能重塑理念，提供符合人体生理特点的步态训练模式，并实时提供评估反馈和协助调整。设备通过 Lokocontrol 软件可持续评估患者的运动功能，具体包括确定运动范围、等轴测力和机械刚度等，并精确记录患者在治疗过程中的表现，轻松跟踪进度，最终以数据可视化形式导出个性化报告，用于治疗或研究。设备会根据该报告，适应使用者的运动规律，设置适合使用者的运动参数，帮助使用者达成有效的训练目标。

图3-14　成人及儿童矫形器

（3）游戏和个性化培训

增强性能反馈（Augmented Performance Feedback，APF）提供 19 种令人兴奋和具有挑战性的练习，可增加患者的兴趣和动力。智能算法根据患者的能力，通过改变速度、负荷等调整难度，治疗师可以为患者制定个人

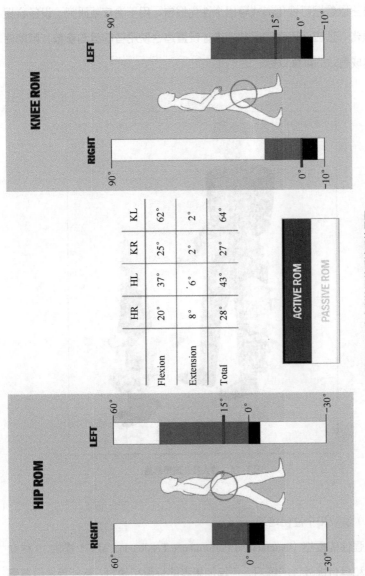

图3-15　步态训练评估反馈系统界面

治疗计划来优化治疗。患者可以根据个人需求和治疗目标，通过练习来训练不同的技能。APF 能够有效帮助肌肉激活和心血管锻炼，提高步态训练的效果。

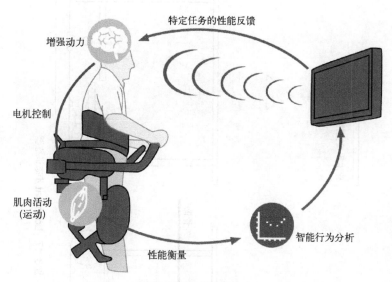

图3-16 增强性能反馈流程

## 3.2.3 技术原理

（1）机电辅助步态训练器原理

外骨骼型机电辅助步态训练器连接到患者的整个下肢，控制膝关节和髋关节，末端机电辅助步态训练器连接到患者的脚上。步态训练器通过模拟生理步态轨迹，带动患者的单侧或双侧下肢，并精确地控制跑台的速度使之与患者步态相一致，使功能性运动治疗与患者的评估反馈系统有机结合。治疗师可对 Lokomat 系统进行参数调整，以适合不同患者的需要。

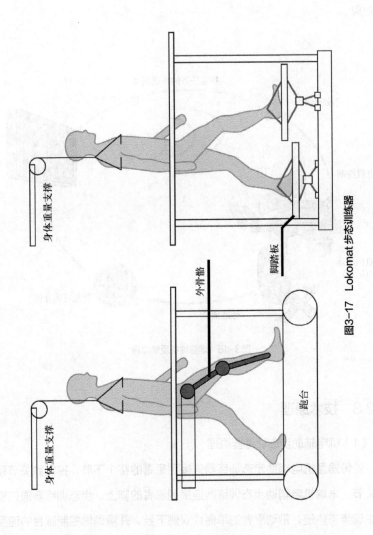

图3-17　Lokomat 步态训练器

（2）FreeD Module 释放模块

Lokomat 的释放模块（FreeD Module）允许骨盆的横向平移和横向旋转。设备通过将患者体重转移至站立腿，让使用者将行走的受力点集中在腿部核心肌肉群上，激活腿部核心肌肉群，实现肌肉功能和整体平衡的锻炼。

图3-18　骨盆横向旋转

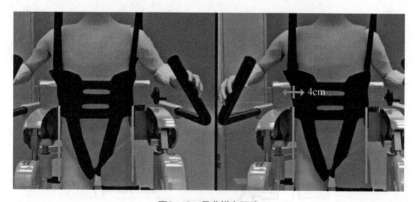

图3-19　骨盆横向平移

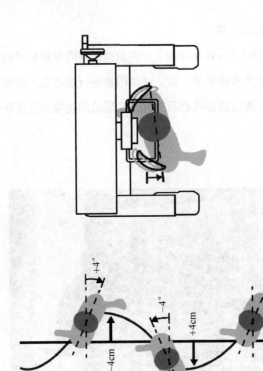

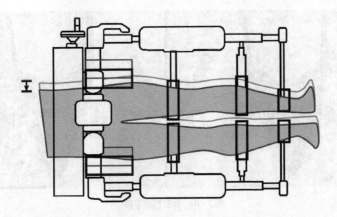

图3-20 骨盆横向平移与横向旋转示意图

（3）减重系统

外骨骼采用平行四边形结构固定在减重系统上，可允许用户自由地垂直平移，智能减重装置可减少惯性阻碍，让使用者的训练轻松有效。设备可以单独调整髋关节角度和膝关节角度，以适应患者的特定需要。Lokomat将可调节的外骨骼装置与动态体重支撑系统相结合，使其符合使用者的运动生理特点。

### 3.2.4 场景应用

Lokomat 为固定的康复外骨骼，主要为患者提供步态康复训练，患者必须在专业的康复环境中使用。Lokomat 适用人群广泛，不仅可以帮助几乎没有下肢控制能力的患者进行可塑性变化，也可为已经恢复了相当大的步行能力的患者在不同的步态阶段提供阻力，以此改善行走过程中的肌肉激活和皮质可塑性。

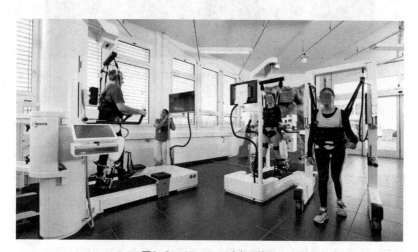

图3-21 Hocoma 康复训练所

## 3.3 案例三：REX Bionics——下肢康复外骨骼

### 3.3.1 产品简介

REX Bionics 是一家专注于研发、生产商业化外骨骼机器人的创新型公司，创始人 Richard Little 患有多发性硬化症，他和合伙人从电影 *Aliens* 中 Sigourney Weaver 的动力装载机外骨骼汲取灵感，并制作了 REX 第一版外骨骼骨架的粗略草图：一对太空时代的机器人腿，可以自由站立、行走、爬楼梯和下楼梯，以及在陡坡和缓坡上巡航。

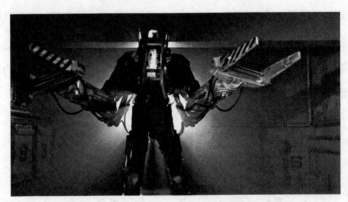

图3-22　Sigourney Weaver 动力装载机外骨骼

REX 是 REX Bionics 生产的适用于 C4/C5 水平的脊髓损伤患者的外骨骼，主要帮助患者解决力量、灵活性、平衡和耐力等各个方面的问题。REX 被认为是最重的外骨骼，但是，REX 也是世界上第一个在临床监督下使用的自支撑式独立行走的外骨骼，可实现功能性负重移动活动。REX 不需要使用拐杖或助行器，比其他可用的外骨骼能提供更大的稳定性，因此它可以让手臂自由地参与锻炼或日常生活活动，适合上肢力量较弱的人。

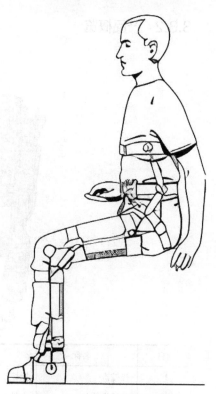

图3-23 REX第一版外骨骼骨架

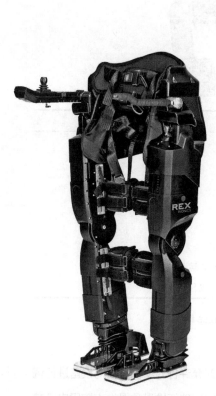

图3-24 REX外骨骼

## 3.3.2 产品概览

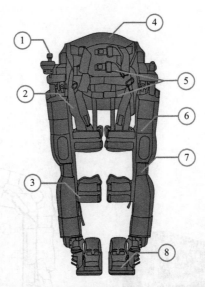

| 项目 | 名称 | 作用 |
|------|------|------|
| 1 | 操控器 | 操控设备 |
| 2 | 碳纤维骨盆 | 提供支撑 |
| 3 | 碳纤维系带 | 固定腿部 |
| 4 | 锂聚合物电池 | 提供动力 |
| 5 | 安全带 | 支撑、固定用户 |
| 6 | 调节器 | 调节设备腿长 |
| 7 | 线性执行器 | 将电动机的旋转运动转换为线性运动 |
| 8 | 脚踏板 | 提供稳定性、易移动性 |

图3-25 REX Bionics 结构组成

REX 可为不同身高的用户定制，同时允许针对不同患者对设备进行调整，使其能够精准地对齐用户的关节。定制碳纤维骨盆提供支撑用户所需的强度和刚度，使用碳纤维材料能够最大限度地减轻系统重量。安全带可调节，能够牢固地固定患者并提供支撑力，使其保持直立状态但不产生压力点，以提供最大的用户舒适度。

图3-26　REX 使用效果图

REX 主要由可充电、可互换的电池供电，电池为锂聚合物电池（29.6V，16.5A·h），充电一次可正常使用约 60min。5 个有刷直流电动机被用作各个自由度的执行器，10 个定制设计的线性执行器通过将电动机的旋转运动转换为线性运动，为 REX 和用户提供动力。REX 的每条腿有五个自由度（Degree of Freedom，DOF），两个在髋部，一个在膝部，两个在踝部。27 个管理执行器系统的板载微处理器由 50 万行专有代码控制，形成定制运动控制系统的核心，该系统的开发旨在确保运动周期所有阶段的稳定性。

### 3.3.3  技术原理

（1）传动器

外骨骼包含对应各个身体构件的传动器，包括主臀部传动器、膝盖传动器和主足部传动器，各传动器由电源供电。主臀部传动器，用于相对骨盆支撑构件围绕髋关节旋转大腿结构构件；膝盖传动器，用于相对大腿结构构件围绕膝关节转动小腿结构构件；主足部传动器，用于相对小腿结构构件围绕足部关节与膝关节转动轴线基本平行的旋转轴转动足部构件。

（2）控制系统

REX 的控制系统从触觉传感器（设置在足部构件下的四个角区域中）中接收输入，通过检测地面斜度的变化提供足部构件与地面的接触状态信息。控制系统主要包括用户接口、存储器组件、传动器控制器、地面子系统、平衡子系统等。

表3-1  控制系统各部分作用

| 项目 | 名称 | 作用 |
|------|------|------|
| 1 | 用户接口 | 接收指示期望运动序列的输入数据 |
| 2 | 存储器组件 | 存储指示实施运动序列的连续指令的预编程运动数据 |
| 3 | 传动器控制器 | 执行指令移动传动器 |
| 4 | 地面子系统 | 在检测到地面斜度变化时调节传动器运动 |
| 5 | 平衡子系统 | 调节外骨骼在传动器相对运动期间的平衡 |

控制系统包括两个子系统,即地面子系统和平衡子系统。地面子系统主要用来检测外骨骼在不平坦或倾斜的地面上移动时的地面斜度变化,并根据该变化将足部构件向着最大允许倾角旋转传动器,或在接收指示足部构件与斜面对准的输入时终止与足部构件相关联的传动器的运动。平衡子系统主要通过实时修改传动器位置,使压力中心(Center of Pressure,COP)在运动序列期间处于支撑多边形以内,防止运动序列变形或失去平衡,使外骨骼在传动器相对运动期间保持平衡。

用户的指示、期望的运动序列由控制盘(用户接口)输入,控制子系统从存储器获得指示实施运动序列所需要的指令——预编程的命令,预编程的命令指引电动机控制器移动传动器,传动器位置传感器及压力盘向控制系统提供反馈,确保传动器的正确运动。预编程的命令可以由平衡子系统或地面子系统进行改变。

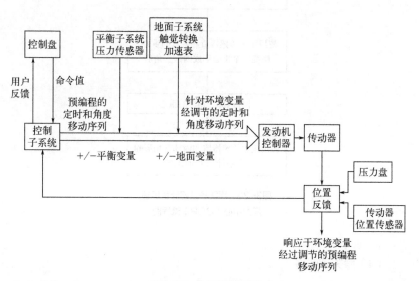

图3-27 控制系统缩略图

（3）传动器调节

平衡子系统根据足部压力传感器的输入压力数据，能够计算确定足部构件下的实际压力中心位置。根据实际压力中心位置，确定其与预定期望的压力中心位置之间的误差，将误差送入比例积分微分（Proportion Integration，PID）控制器，输出传动器位置变化的指示，移动传动器减小误差，将实际压力中心转换为期望的压力中心，并在后续时间步长期间将各个传动器朝着经过调节的传动器位置移动。

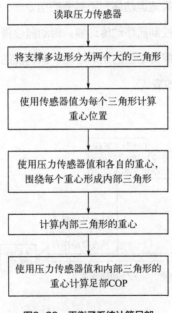

图3-28　平衡子系统计算足部
压力中心（COP）流程图

（4）膝关节偏移

大腿结构构件在它的延长方向偏离膝关节的旋转轴，小腿结构构件通过轴伸出，膝关节的偏移复制匹配人类骨骼的形式，避免了对用户膝关节的压力损伤。

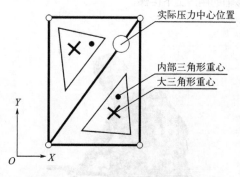

图3-29 足部实际压力中心（COP）位置

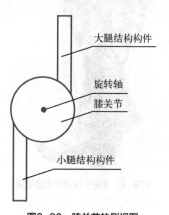

图3-30 膝关节的侧视图

## 3.3.4 场景应用

REX 有两个版本，即 REX P 和替代 REX，前者供个人使用并根据个人尺寸定制，后者用于康复诊所，可进行调整以适应不同的用户。REX 可提供多种康复动作，包括上肢、躯干、下肢的康复训练，且包含了静态（深蹲、弓步）、动态（坐立、摆腿和伸展）两种模式。同时，REX 不仅是康复工具，也是辅助步行设备，设备可实现全自动向前、向后、侧向和转弯运动，同时能够辅助用户上下楼梯。

图3-31　REX 辅助行走场景图

# 3.4　案例四：ReWalk——下肢康复/运动辅助外骨骼

## 3.4.1　产品简介

ReWalk 公司的创始人 Amit Goffer 博士因越野车发生意外导致四肢瘫痪，他于 2001 年创立了 ReWalk 的前身——Argo 医疗科技公司。公司总部位于以色列，是一家医疗器械公司，主要从事设计、开发和销售可穿戴式外骨骼系统产品，用于下肢残疾患者实现髋关节和膝关节的运动。2012 年，公司推出的 ReWalk 外骨骼机器人获得欧盟认证，进入欧洲市场。2014 年，ReWalk 成为第一批由美国食品和药物管理局（Food and Drug Administration，FDA）认证的医学外骨骼机器人，也是第一款获得 FDA 批准用于个人的动力外骨骼。

ReWalk 主要为因脊髓损伤（SCI）或中风导致下肢残疾的患者提供动力，使患者能够控制自己的步伐完成站立、行走、转弯、爬楼梯等日常活动。最新的 ReWalk 个人版 6.0 行走速度高达 2.6km/h。设备可供 T7 和 L5 之间的 SCI 患者在家中独自操作，也可供 T4 ～ T6 的 SCI 患者在康复中心使用。

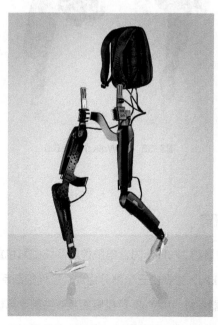

图3-32　ReWalk

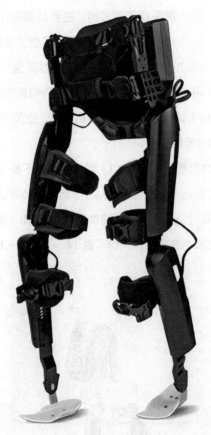

图3-33　ReWalk 个人版6.0

## 3.4.2　产品概览

ReWalk 总重量约 23.3kg（内含电脑控制系统的背包重约 2.3kg、穿戴式支撑装置约 21kg），主要由三个部分组成：软件控制系统、机械支撑和动力系统、传感器系统。ReWalk 背包里面装着控制计算机和可充电电池，计算机通过软件控制系统控制外骨骼，电池为外骨骼的集成直流电机供电。

传感器通过测量用户及设备的角度、位置等变化，估测使用者的意图，两条机械腿起支撑行走作用。通过三个部分的有机结合，可模拟自然步伐，使患者能够做出交替自然的行走动作。

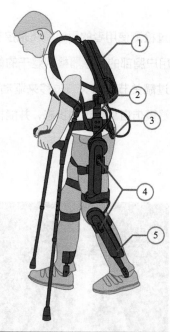

| 项目 | 名称 | 作用 |
|------|------|------|
| 1 | 背包 | 存储电池和计算机 |
| 2 | 倾斜传感器 | 检测倾角 |
| 3 | 骨盆支架 | 支撑用户 |
| 4 | 手动按钮 | 控制设备 |
| 5 | 驱动单元 | 驱动用户腿部运动 |

图3-34 ReWalk 组成结构

ReWalk 支撑范围包括双下肢到躯干的下半部，设备在踝关节处采用的是弹簧辅助被动运动，髋、膝关节则是采用的电机主动驱动，再搭配双手前臂拐来配合外骨骼的活动，用以控制各类动作过程中的平衡稳定。ReWalk 在膝关节和髋关节处设置有成对的直流电机，配合计算机可为髋、膝关节提供动力，患者在前臂拐的辅助支持下能够安全地操纵设备完成日常活动。

ReWalk 系统通过检测使用者的重心变化来控制运动，当用户上半身向前倾斜时，位于用户胸部的传感器检测躯干的倾斜角度以判断用户的行走意图，然后通过髋关节和膝关节位移来驱动该系统，启动第一步，重复的身体移动能够模仿自然行走的步态，并能根据实际情况控制步行速度。

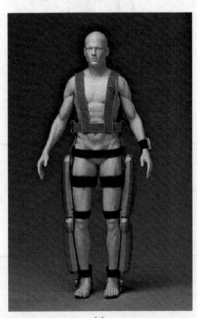

(a)

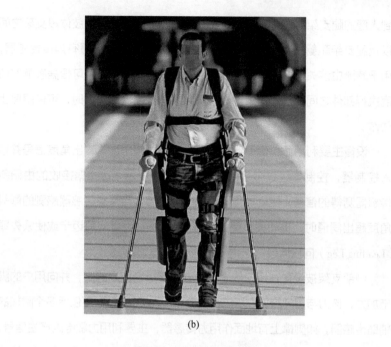

(b)

图3-35 ReWalk 视图展示

ReWalk 可通过手腕上的遥控器切换不同的功能模式，包括坐、站和走等。它通过缩短摆动时间（从 1.2s 到 0.6s）或步间延迟时间为用户提供步态速度的变化，步间延迟时间可以减少到 0s，以模仿正常人的运动方式。最初，它被设置为最长步间延迟时间（大约 350ms），以允许个人在步间恢复平衡。一旦参与者学会保持平衡，步间延迟时间就会缩短以达到更快的速度。

## 3.4.3 技术原理

（1）传感器

ReWalk 的支撑系统包括用于固定到残疾人躯干的躯干支架和用于连接

到人腿的腿支架，每个腿支架包括肢体段支架。腿支架的肢体段支架之间以及腿支架和躯干支架之间由机动关节连接。关节处设置有角度传感器，用于感测由该关节连接的托架或支架之间的角度，执行器可根据感测的角度执行部件之间的相对角运动。当感测角度在阈值范围内时，可使腿停止动作。

设备主要利用倾斜传感器感测外骨骼的倾斜角度，输出角度信号并输入控制器，控制器经过带指令的算法进行编程后，可根据接收的由倾斜传感器测得的信号，控制执行器驱动机动关节。当倾斜传感器感测的倾斜角度超出阈值时，机动关节使尾随腿（Trailing Leg）向前迈步或使领先腿（Leading Leg）向后伸展。

脚部支架被设置在用户的脚下，脚撑支撑着用户的脚，并向用户的脚施加力，该力与用户施加在脚撑上的力相抵消。ReWalk 还包括多个附加的辅助传感器，如脚撑上有地面作用力传感器，主要利用力敏电阻产生信号，可感测施加在外骨骼上的地面力，该大小取决于用户的活动。控制器接收来自地面力传感器的感测信号，并驱动机动关节执行预定义的运动模式完成动作。

（2）控制系统

ReWalk 配备有多个控制器，用于实现用户输入或其他外部输入。如远程控制器，主要包括多个按钮、开关、触摸板等，可供用户选择运动模式并输出用户操作请求信号至控制器。设备通过控制关节和腿支架来移动腿，使用户能行走。要保证关节和腿支架受控，对关节的控制取决于所进行的前一动作，以及来自角度传感器和倾斜传感器二者至少一个的输入。

控制器监控倾斜传感器以确定倾斜角度是否足够，当倾斜角度值大于阈值时，向前迈腿；当倾斜角度值小于阈值时，则将计时器的时间与阈值时间对比，当远程控制器的控制操作表明要开始行走序列的意愿时，或当倾斜传感器表明要开始倾斜时，计时器可开启。当时间表明超时，则设备可开始站立模式，停止操作，退出行走模式，直到接收到进一步的控制信号；如果未感测到超时，则继续监控倾斜信号。

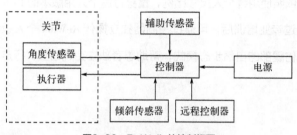

图3-36　ReWalk 的控制框图

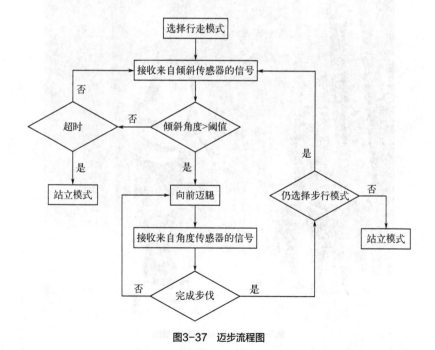

图3-37　迈步流程图

### 3.4.4 场景应用

ReWalk 发行两种版本：机构版及个人版。机构版（ReWalk Rehabilitation，R-type）主要应用于康复机构，设备尺寸可调整，医师及治疗师能够针对不同的使用者调整比例适当的设备尺寸。个人版专为脊髓损伤患者设计，并且依照使用者个人尺寸比例，量身打造个人用版本的 ReWalk 尺寸。使用者经过专业培训后，可通过控制器独立操作 ReWalk 个人版设备。设备能够模仿腿部的自然步态模式，帮助患者独立完成站立、行走和爬楼等活动。

图3-38　ReWalk 使用场景图

## 3.4.5　ReWalk常见问题

问：谁可以使用 ReWalk？

答：ReWalk 适用于下肢残疾（如截瘫）的人。该系统可容纳身高 160～190cm，体重最高达 99kg 的个人。

在使用设备之前，请确认用户满足以下先决条件：

- 手和肩膀可以支撑拐杖或助行器；
- 健康的骨密度；
- 骨骼没有任何骨折；
- 能够使用设备站立；
- 总体上身体健康。

有以下情况的人不应使用 ReWalk：

- 除 SCI 以外的严重神经系统损伤史；
- 严重的并发躯体疾病：感染、循环系统疾病、心脏或肺部疾病、褥疮；
- 严重痉挛（肌张力 4 级）；
- 脊柱不稳定或四肢未愈合或骨盆骨折；
- 异位骨化；
- 严重挛缩；
- 可能干扰设备正常运行的精神或认知情况；
- 怀孕。

## 3.5　案例五：Syrebo——手部康复外骨骼

### 3.5.1　产品简介

上海司羿智能科技有限公司于 2017 年成立，是一家专业开发医疗康复机器人的企业，公司旗下有羿生、Syrebo 等品牌，公司已推出手功能康复机器人、下肢软体外骨骼、上肢康复机器人等系列产品。

Syrebo 手套是一种辅助手部运动康复的动力外骨骼，专为手指的神经肌肉康复而设计。康复手套结合灵活的机器人技术和神经科学，可以帮助患者掌握手指屈伸，在屈曲和伸展时调动手指，减轻手部肌肉紧张，缓解水肿和僵硬，通过运动促进脑神经损伤的康复，改善手部活动，加速手部功能的康复。

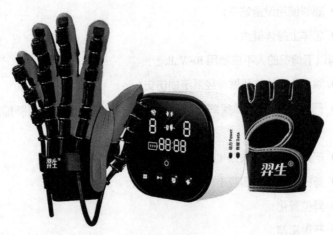

图3-39　Syrebo

Syrebo 适用于脑卒中、脑出血、脑瘫、手部周围神经损伤、手部烧伤等手功能障碍患者，成人、儿童皆可使用。手套体积小，便于携带，操作方便，使患者可以随时随地进行康复锻炼。与需要物理治疗师协助的传统治疗方法不同，患者可以通过康复手套独立完成整个康复训练过程，这使得康复训练更加方便，加速手功能恢复过程，大大降低了康复训练的成本。

图3-40 Syrebo 使用效果图

## 3.5.2 产品概览

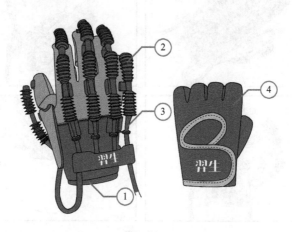

图3-41

| 项目 | 名称 | 作用 |
|------|------|------|
| 1 | 第二手部 | 提供手部康复训练 |
| 2 | 波纹管 | 收纳气体 |
| 3 | 连接气管 | 连接波纹管 |
| 4 | 第一手部 | 检测手部运动 |

图3-41 Syrebo 结构组成

**使用步骤**

① 为患侧手戴康复手套，使所有手指到达手套顶端。

② 将尼龙搭粘在手腕上。

③ 把紧绷的魔术带紧紧地拉在手掌处，使得握拳时手腕上没有间隙。

④ 将康复手套与带有集成交互式屏幕的控制器相连接，并选择训练
模式。

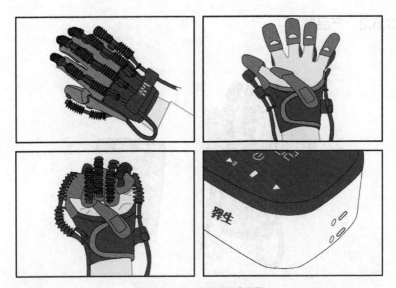

图3-42 Syrebo 使用步骤图

　　Syrebo 手套重量不超过 150g，采用新型柔性织物生物肌电传感器，安全舒适，适合气动柔性驱动。它为成年人提供 S、M、L 三种尺寸；对于孩子，也提供特定尺寸的康复手套。Syrebo 连接到带有集成交互式屏幕的控制器，以智能触屏方式取代传统按钮，方便操作，也可以连接到外部监视器以进行游戏化。

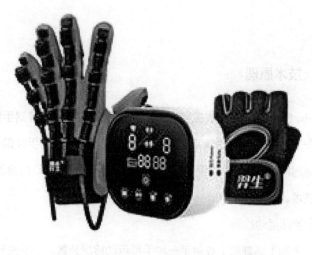

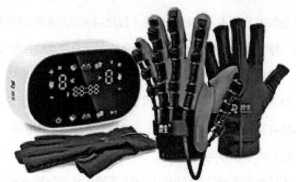

图3-43　Syrebo C10（上）、Syrebo C11（下）

Syrebo 手套提供多种训练模式，在各种模式下均可设置日常生活场景，进行视觉、听觉指令引导下的任务导向性训练。设备能够识别患侧手屈曲、伸展动作意图，协助患侧手完成抓握动作，Syrebo 可以根据不同的肌肉张力调节屈伸强度。它是从软瘫期到康复期的全周期都可以用的手功能康复机器人，可以帮助患者重新恢复手功能。Syrebo 康复手套 C11 除了具备 C10 的被动训练、镜像训练功能外，还具备主动训练功能，并搭配有手机 APP。

## 3.5.3　技术原理

Syrebo 的镜像训练模式主要通过调节控制第一手部（健侧手穿戴部）的手指关节的运动信息采集实现自主调节第二手部（患侧手穿戴训练部）康复训练时间、动作和强度等。镜像训练主要采用手部运动检测和软体气压驱动技术。

（1）手部运动检测

第一手部（穿戴部）提供了一种手部运动检测装置，手指关节的运动状态变化会触发产生不同的检测信息（包括电流信息和电阻信息），检测装置的第一检测单元和第二检测单元可将检测信息发送给控制部（位于手掌位置），控制部根据检测信息发出执行指令。

第一检测单元包括第一导电胶层，第二检测单元包括第二导电胶层，两个导电胶层互不接触且分别设置在与弹性外壳相对的内侧壁。导电胶层包括导电胶和内嵌于导电胶的导线，导线连接控制部与运动检测部，弹性外壳的一端设有导电元件，导电元件的上下端面分别与第一导电胶层和第二导电胶层接触。

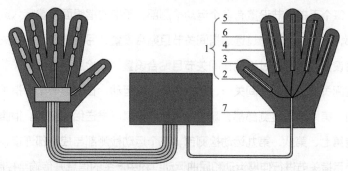

| 项目 | 名称 | 作用 |
|------|------|------|
| 1 | 运动检测部 | 采集、传输手指关节的运动信息 |
| 2 | 第一运动检测部 | 采集、传输大拇指的手指关节的运动信息 |
| 3 | 第二运动检测部 | 采集、传输食指的手指关节的运动信息 |
| 4 | 第三运动检测部 | 采集、传输中指的手指关节的运动信息 |
| 5 | 第四运动检测部 | 采集、传输无名指的手指关节的运动信息 |
| 6 | 第五运动检测部 | 采集、传输小拇指的手指关节的运动信息 |
| 7 | 第一手部 | 提供手部运动检测 |

**图3-44　第一手部（穿戴部）运动检测装置结构示意图**

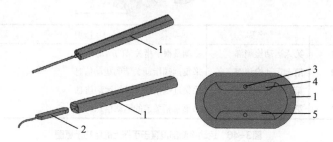

| 项目 | 名称 | 作用 |
|------|------|------|
| 1 | 弹性外壳 | 提供保护、支持导电胶层接触 |
| 2 | 导线 | 连接控制部与运动检测部 |
| 3 | 第一导电胶层 | 传输信息 |
| 4 | 第二导电胶层 | 传输信息 |
| 5 | 导电元件 | 增加运动检测部的支撑强度 |

**图3-45　运动检测部结构示意图**

每个手指关节设置有多个运动检测部，手指的指腹面设置第六运动检测部，检测部一端跨过远端指间关节且贴合设置，另一端跨过掌指关节且贴合设置，中部跨过近端指间关节且贴合设置，以检测整根手指关节（远端指间关节、近端指间关节、掌指关节）的运动，在任意一个手指关节运动时，第六运动检测部都会随之产生检测信息以发送给控制部。指腹背面设有第七、第八、第九运动检测部，三个运动检测部与控制部连接，检测单个手指关节进行伸展运动和屈曲运动过程中产生的信息并传输至控制部。

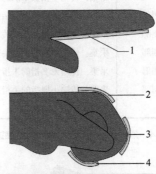

| 项目 | 名称 | 作用 |
|------|------|------|
| 1 | 第六运动检测部 | 检测整根手指关节的运动信息 |
| 2 | 第七运动检测部 | 采集远端指间关节的运动信息 |
| 3 | 第八运动检测部 | 采集近端指间关节的运动信息 |
| 4 | 第九运动检测部 | 采集掌指关节的运动信息 |

图3-46　运动检测部设置于手指上的结构示意图

（2）软体气压驱动技术

第二手部（穿戴训练部）提供了一种手部康复训练装置，装置包括气压调节组件和气动伸缩组件，气压调节组件通过气管组件与气动伸缩组件连接。气压调节组件包括气泵、控制阀以及气路系统等，控制部根据检测信息控制气压调节组件，气压调节组件通过控制组件中的电磁阀和气路向气动伸缩组件充气或抽气以调节气动伸缩组件内的气压，完成屈曲和伸展运动；气动伸缩组件包括连接气管、波纹管等，每根手指上均设有气动伸缩组件，气动伸缩组件通过气管组件连接气压调节组件。

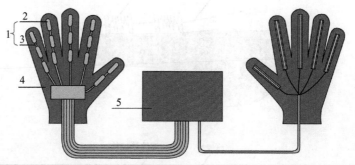

| 项目 | 名称 | 作用 |
|---|---|---|
| 1 | 气动伸缩组件 | 驱动手指运动 |
| 2 | 波纹管 | 收纳气体 |
| 3 | 连接气管 | 连接波纹管 |
| 4 | 第二手部 | 提供手部康复训练 |
| 5 | 装置外壳 | 收纳气压调节组件和控制部 |

图3-47　第二手部（穿戴训练部）运动检测装置结构示意图

波纹管设置于穿戴训练部的每个关节处，相邻波纹管之间通过连接气管贯穿连接。当波纹管被充气时，内部气压增大，导致长度变大，呈拉伸状态，手指弯曲。当波纹管被抽气时，内部气压减小，导致长度变小，呈压缩状态，手指伸直。

当第一手部的手指关节做屈曲运动或处于屈曲状态时，运动检测部随之进行屈曲变化，弹性外壳发生形变，第一检测单元的第一导电胶层和第二检测单元的第二导电胶层相互接触并且接触面积逐渐变大，导致产生的电阻值逐渐变小，电流信息变化，产生检测信息并传输给控制部。控制部根据获得的检测信息控制气压调节组件调节第二手部（穿戴训练部）的气动伸缩组件的波纹管，使其内部气压增大，波纹管长度变大，呈拉伸状态，使手指实现镜像屈曲。

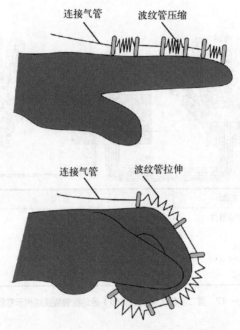

连接气管　　波纹管压缩

连接气管　　波纹管拉伸

图3-48　第二手部处于伸展、屈曲工况的示意图

当第一手部的手指关节做伸展运动或处于伸直状态时，运动检测部随之进行屈曲变化，弹性外壳回弹伸直，第一检测单元的第一导电胶层和第二检测单元的第二导电胶层相互接触的面积逐渐变小，直至手指处于伸直状态不接触，导致产生的电阻值逐渐变大，电流信息变化，产生检测信息并传输给控制部。控制部控制气压调节组件调节第二手部（穿戴训练部）的气动伸缩组件的波纹管，使其内部气压减小，波纹管长度变小，呈压缩状态，使手指实现镜像伸展。

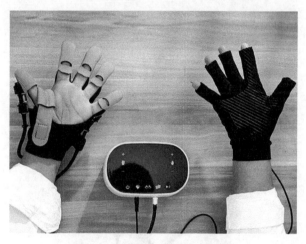

图3-49 手指屈曲、伸展运动效果图

### 3.5.4 场景应用

手套提供多种训练模式，如被动、助力、抗阻屈伸训练、镜像训练、主动游戏训练等。在各种模式下，均可设置日常生活场景，如喝水、看书、穿衣等活动，恢复患者基本的生活能力。

(a)

(b)

(c)

(d)

图3-50 Syrebo 手套使用场景图

### 3.5.5　Syrebo常见问题

问：Syrebo 手套可以对我受影响的手进行什么样的训练？

答：在 Syrebo 的医疗和家庭康复设备中，有多达 8 种训练模式可供选择。这些训练是为了帮助患手在最初的恢复阶段被动地弯曲和伸展，然后开始精细运动训练，逐步恢复手部功能。

问：这些训练对我的手功能康复有什么影响？

答：这些训练旨在改善关节运动范围和肌肉力量，缓解手部肌肉张力异常，预防痉挛和消除水肿，促进神经通路重建并提高 ADL 能力。

问：我的手已经功能失调超过 5 年了，Syrebo 手套对我有帮助吗？

答：手功能障碍的持续时间并不完全代表手功能障碍的严重程度，手部功能障碍的严重程度因患者而异。因此，可参考阿什沃思量表来评估患手的肌肉张力。如果受影响的手在阿什沃思量表上得分为 3，可以根据情况使用产品。如果受影响的手在阿什沃思量表上得分为 4，则 Syrebo 手套可能暂时不适合受影响的手。

问：我应该多长时间使用一次 Syrebo 手套？

答：一般建议每天最多戴着 Syrebo 手套训练 2 次，每次最多 20min。

问：我戴着 Syrebo 手套训练多长时间才能让我的手在脑卒中后恢复功能？

答：脑卒中后的大部分手功能障碍都是由大脑神经功能受损引起的，因此，手功能的康复治疗其实就是修复大脑神经对手部运动的控制。可以想象，这个恢复过程既缓慢又困难。你需要做的是尽早开始，戴着 Syrebo 手套继续训练专业的手功能康复，这会尽早唤醒你大脑的"潜力"，尽可能恢复失去的手部功能。

## 3.6 案例六：Myopro——手臂运动辅助外骨骼

### 3.6.1 产品简介

Myomo 是美国一家医疗肌电公司，旨在为神经肌肉疾病患者开发、设计和生产肌电矫形器。Myopro 是由麻省理工学院、哈佛医学院和 Myomo 公司开发的一种用于支撑手臂的动力上肢外骨骼，它不仅可以帮助患者执行无法完成的动作和日常活动，还可以对患者肌肉再教育，促进上肢功能恢复。Myopro 是唯一一种通过手臂上的非侵入性传感器感知患者自身神经信号的设备，可以恢复他们使用手臂和手的能力，以便他们能够重返工作岗位、独立生活并降低护理成本。

图3-51 Myopro

### 3.6.2 产品概览

每个 Myopro2 都配备了两个抓握钳和两个翼形螺钉。抓握钳是可选部件，用户可以根据需要连接或移除，它可帮助用户抓握重量轻（低于 0.45kg）的物体，螺钉用于将抓握钳连接到抓握模块。

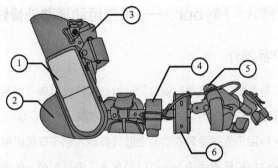

| 项目 | 名称 | 作用 |
|------|------|------|
| 1 | 电池仓 | 存储电池 |
| 2 | 肘部电机 | 辅助肘部伸展弯曲 |
| 3 | 上臂传感器袖带 | 读取上臂肌电图信号 |
| 4 | 前臂传感器袖带 | 读取前臂肌电图信号 |
| 5 | 手部电机 | 驱动手部活动 |
| 6 | 可调节腕环 | 调节尺寸 |

图3-52 Myopro矫形器组件图解

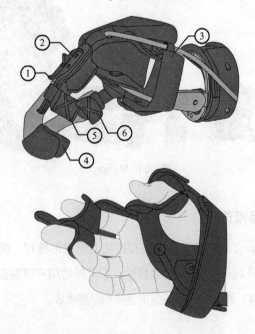

| 项目 | 名称 | 作用 |
|:---:|:---|:---|
| 1 | 滑动杆 | 调整鞍座位置 |
| 2 | 闩锁 | 锁定、释放环 |
| 3 | 腕带 | 固定设备 |
| 4 | 抓握钳 | 辅助手部抓握 |
| 5 | 手指鞍座 | 提供手指支撑 |
| 6 | 拇指鞍座 | 提供拇指支撑 |

图3-53 手指支撑组件图解及佩戴效果

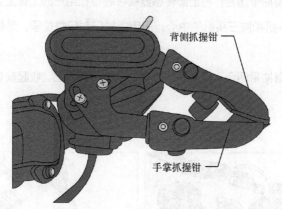

背侧抓握钳

手掌抓握钳

图3-54 Myopro 抓握钳

图3-55 手指支撑组件辅助抓握

**佩戴矫形器的步骤**

① 前臂降至外壳中：佩戴前，确认设备电源保持关闭状态。用户的手指穿过手托壳，直到手支撑壳的下侧与用户的手掌齐平，并且用户的拇指放在拇指鞍座中，确保拇指的底部压在硬塑料上，将用户的前臂降低到前臂外壳中。

② 下臂袖带闭合：拧紧并固定 Velcro 手带，固定下臂闭合。

③ 上臂袖带闭合：将上部传感器袖带缠绕在用户的上臂上，传感器应位于肱二头肌和肱三头肌的中心，固定上袖口封口并拉紧，然后固定肩带的 Velcro。

④ 前臂袖带闭合：将前臂传感器袖带滑到前臂上，收起前臂传感器袖带并固定。

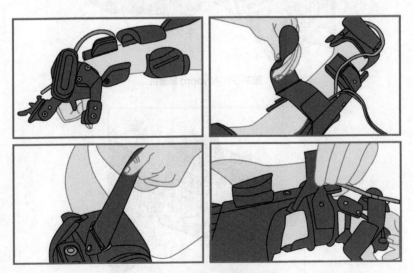

图3-56 Myopro 佩戴步骤

Myopro 使用 Maxon 的小型电机，以及可替换电池。最新的 Myopro 增加打开和合上手掌、蓝牙连接手机 APP 功能。为获得最佳的舒适度和性能，每个 Myopro 支架都是为患者定制的，用户可以自行选择图案、颜色。设备定制由认证的矫正师协助，矫正师会对用户的手臂建模，并做精确测量，然后将数据给到制造厂，接下来才会做出符合用户手臂和手的精确尺寸的外骨骼。最后，矫正师会在试戴的时候进行调整，并校准软件，从而适当地放大用户的肌电信号。

MyoGames 是 Myomo 的一个视频游戏平台，目的是使用有趣的练习增加用户训练的兴趣。当他们的手臂或手移动时，Myopro 通过蓝牙与电脑连接，以完成相应的游戏操作，用户可通过该游戏重复运动，加速神经恢复。

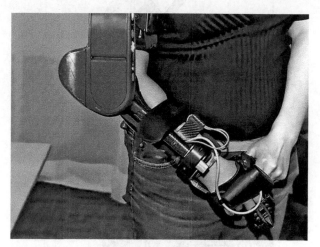

图3-57　Myopro 佩戴效果图

### 3.6.3　技术原理

Myopro 的肱二头肌（肘屈肌）、肱三头肌（肘伸肌）传感器内置于上臂传感器袖带中，手腕屈肌和手腕伸肌传感器内置于前臂传感器袖带中。当用户的手臂或手尝试运动时，内置于袖带中的传感器能够检测到肌肉发出的微小肌电信号，板载软件经算法解读信号确定用户移动意图并向肘部和手部的 2 个电机发送控制信号，随后启动电机为佩戴者手臂或手腕提供动力。公司正在研究更精细的电机控制和传感器来实现个别手指的移动。

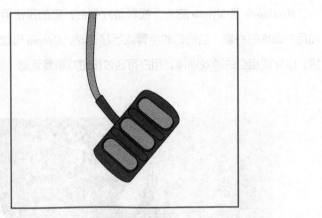

图3-58　传感器

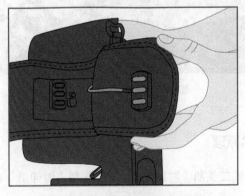

图3-59　肘屈肌、肘伸肌传感器袖带

图3-60　手腕屈肌、手腕伸肌传感器袖带

## 3.6.4　场景应用

图3-61　Myopro使用场景图

Myopro 可为患者提供康复训练及运动支持，实现肘弯曲和伸展，以及手指抓握等动作，帮助患者独立进行日常生活中的各项活动，如进食、家务等，以便他们能够重返工作岗位。因此 Myopro 使用场所不局限于诊所或复健医院，用户可在家里或办公场所使用。

## 第四章　工业用人体外骨骼

在工业领域，也普遍存在着长时间、重复以及高负荷的劳动，因此也极易引发从业人员颈、肩、背、腰、膝等脆弱部位的肌肉疲劳和关节损伤，严重影响劳动者的身心健康、工作效率和积极性。在物流行业，快递的分拣、配送均是劳动密集型环节，人力成本高，穿戴者穿上外骨骼机器人后可以提高核心部位（如腰背部）和核心肌群（如腰部竖脊肌）的高强度负重能力，有效减缓工作肌群的疲劳，保护快递员腰部肌群；而在汽车行业，目前的末端汽车总装线工位依旧无法被自动化设备所取代，这些作业对工人的肩部和腰部关节带来极大的损伤。外骨骼机器人可以大幅度增强人类的上肢力量、降低劳动强度及能量消耗、提高整体作业效率。

# 4.1　案例一：Ironhand

## 4.1.1　产品简介

肌肉骨骼疾病 Musculoskeletal Disorders（MSDs）是欧洲和北美最常见的职业病，也是工人时常请病假的主要原因之一。其中最普遍的肌肉骨骼损伤都发生在上肢，肌肉骨骼疾病会引发肌肉骨骼系统（例如肌肉、肌腱、韧带、神经、椎间盘、血管等）的损伤。手的骨骼、肌肉和关节在解剖学上并不适合施加高强度的重复运动，因此工人也会处于该风险因素当中。在较为年轻的工作群体中，上述的风险因素也在逐步增加，因此如何实施一些纠正措施来建立一个可持续的工作场所也变得至关重要。

瑞典皇家理工学院（KTH）机电一体化教授 Jan Wikander 长期研究各种机器外骨骼，其中包含一种机械手套。它是一种可以防止压力伤害的手套，可以用于康复治疗，并为人们在工作或日常活动中提供动力支持。

　　Johan Ingvast 博士从 2006 年 5 月开始将这个愿景转化为产品。他创立了 Bioservo Technologies，将医学专业知识与现代机器人技术结合，创造新的仿生学，为人提供手部强化的外骨骼机器。

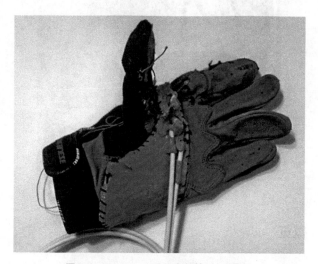

图4-1　Bioservo 2006 年的第一台原型机

　　Bioservo Technologies 与通用汽车合作，共同研发了一款可以辅助一线工人完成汽车装配工作的轻量级机械手套 Ironhand，它可以消除工人们在进行重复性繁重活动后的疲劳感，甚至还可以消除他们的压迫性损伤。

　　Ironhand 是世界上第一个用于手部的主动式软性外骨骼，通过模仿人体行为，减少疲劳，进而防止劳损。其系统由一个可以覆盖所有手指的手套和一个电源组组成。手套中的压力传感器激活动力单元中复杂的控制系统并拉动手指中的人造肌腱，从而产生有力而自然的抓握动作。每个手指都是独立驱动的，所提供的力与人类的手指相当。

图4-2　Ironhand 外骨骼手套

## 4.1.2　概览

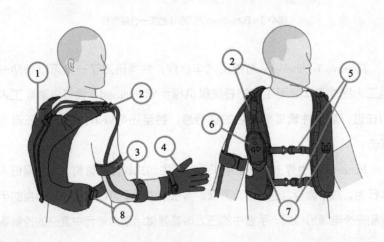

| 项目 | 名称 | 作用 |
|---|---|---|
| 1 | 电源组线束 | 保护电源组 |
| 2 | 线夹 | 将电线固定到位 |
| 3 | 臂带 | 将绳索固定在手臂上 |
| 4 | 手套 | 提供抓握力 |
| 5 | 前带 | 连接肩带 |
| 6 | 遥控器 | 用户控制 |
| 7 | 遥控器支架 | 将遥控器固定到位 |
| 8 | 侧带 | 用于紧密固定线束 |

图4-3  Ironhand 系统的组件

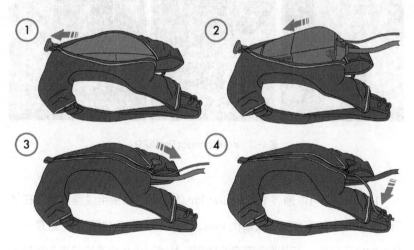

图4-4  Powerpack 电源组背包的组装

该手套有四种不同尺寸可供选择，左手和右手用户均可佩戴。为确保适用于男性和女性的不同体型和工作位置，Powerpack 可以佩戴在背部或臀部。除了不同尺寸的手套外，还提供了不同尺寸的臂带。Powerpack 含有一个计算机单元以及控制各个手指的 FAULHABER 无芯直流电机。用户可以预设各种配置类型，其中包含传感器灵敏度、力的大小、手指对称性和锁定趋势的不同组合。如果要更改配置数据，只需要按下位于胸部区域的遥控器上的按钮即可。

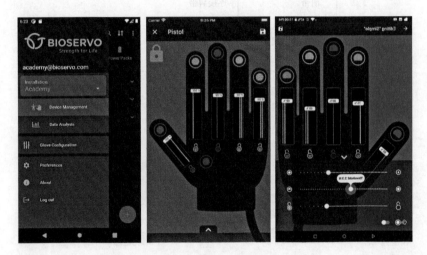

图4-5　IronConnect Pro APP

　　Ironhand 还可以通过 IronConnect Pro 优化安装和使用过程：手套在使用时将收集的数据发送到云端供 IronConnect Pro 使用这些数据，这是一个复杂的应用程序，可以监督手套的使用，并通过优化手套的设置和数据来实现最大化收益。IronConnect Pro 可用于 iOS 和 Android 系统。通过该应用程序，用户可以看到正在使用的手套地址以及操作方式等。此外，该应用程序可以分析数据来创建人体工程学风险评估报告。通过这种方式，用户可以在手部的重复性劳损（RSI）发生之前查看操作员是否处于该危险中，使用户能够在伤害发生之前预防伤害。

### 4.1.3 技术原理

通常抓握动作是由下臂和手部的肌肉实现的，由这些肌肉拉动肌腱，从而移动手指。Ironhand 的功能原理类似：手套指尖中的压敏传感器检测用户用手执行的抓握动作；系统中集成的计算机计算所需的额外夹持力，小型伺服电机将细电缆拉入手指；传感器上的压力越高，Ironhand 提供的功率就越大。手套的设置可以根据个人喜好以及正在执行的工作类型进行调整。

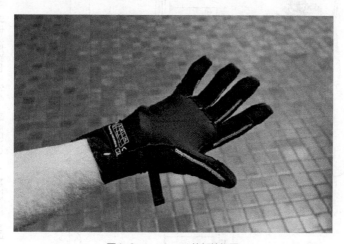

图4-6 Ironhand 外部结构图

为了控制单个手指，Bioservo 在 Ironhand 中使用了 1741 U... CXR 系列石墨换向的直流微电机。该系列以紧凑的形式结合了功率、稳健性和控制。这是通过石墨换向、高质量钕磁铁和 FAULHABER 转子的绕组来实现的。强大的钕磁铁为电机提供了高功率密度和 $3.6 \sim 40$ MN·m 的连续扭矩。

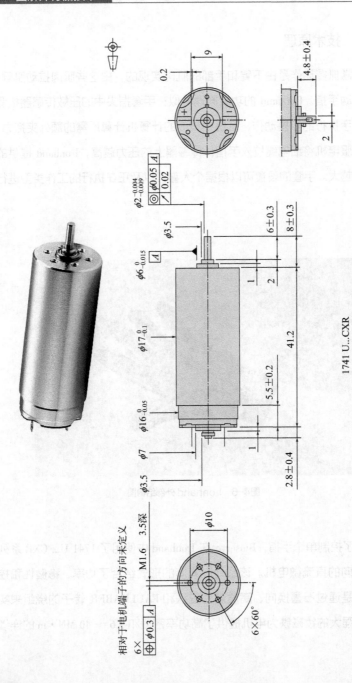

图4-7 1741 U...CXR系列石墨换向的直流微电机图片及图纸

1741 U...CXR

## 4.1.4　场景应用

手动组装工作，如按压、剪裁和压缩等，还有很多需要长时间保持静止的使用工具和电动工具的手工工作；磨床、钻孔机、砂光机、焊接机、锤子、铆钉枪等。预组装还涉及使用起重机任务，由于需要手动操纵起重机，操作员会面临重复性和抓握强度大的工作环境。在这样的任务中，Ironhand可以支持操作员频繁操作起重机。

图4-8　Ironhand在组装工作中的应用

后勤工作任务中，主要体现在准备零件用来进行组装、提升和将成品零件运送到推车上。在这些类型的任务中，Ironhand可以在操作员处理物体时为操作员提供稳定的抓握力和肌肉耐力。

建筑工作涉及大量的体力工作任务。操作员在一个工作日内通常有几项不同的任务，但其中大多数是握力密集、重复或静态的工作任务。Ironhand可以提供更好的支持。

图4-9　Ironhand 在后勤工作中的应用

图4-10　Ironhand 在建筑工作中的应用

## 4.2　案例二：HeroWear Apex

### 4.2.1　产品简介

女性劳动力占全球劳动力的 50% 以上。她们每天搬运许多甚至超过她们体重的货物。对于女性来说，男女通用的可穿戴设备以及外骨骼通常不符合女性劳动者的舒适度标准。

Apex 开发于 2015 年，由范德比尔特大学的生物力学和人体工程学专家研究，并由 InterWoven 的设计团队设计，他们曾为 NASA、Nike、Champion 等开发可穿戴的外骨骼设备。Apex 采用模块化设计满足了男女通用的舒适型标准，考虑了对于女性和男性定制合身外骨骼所需的关键变量。

范德比尔特康复工程与辅助技术中心的一个小组开发了一种用于机械外骨骼的概念验证原型，可以减轻工人下背部的压力。他们与 InterWoven 设计团队接洽，将他们的技术设计和开发成完全商业化的产品——Apex 外骨骼套装。通过多轮构思和快速原型制作，InterWoven 设计并制作了服装和机械硬件组件的原型，以实现易于使用、可靠且可制造的产品。

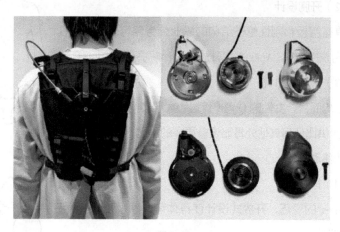

图4-11

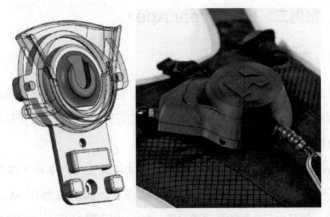

图4-11 HeroWear Apex 原型机

（1）曲线表带

Apex 肩带的设计因女性而异。通过改变曲线形状，Apex 更适合女性，她们通常肩部较窄，躯干较短，需要更有活力的曲线来为胸部留出空间，模块化的设计也能够提供选项。

（2）开胸设计

具有胸板和刚性躯干结构的职业外骨骼可以压缩女性非常敏感的组织。Apex 采用开放式设计解决了这个问题。

（3）更大的 Q 角

平均而言，女性的 Q 角（骨盆和大腿之间）比男性更大。Apex 提供比任何其他外骨骼设备更多的运动方式，让女性更自然地移动。

（4）排汗

Apex 的轻巧、开放式设计使身体可以呼吸和出汗而不会感到不适。

## 4.2.2 概览

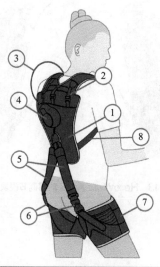

| 项目 | 名称 | 作用 |
|------|------|------|
| 1 | 背包 | 支撑背部受力 |
| 2 | 调节带 | 调节背包尺寸来适应不同用户 |
| 3 | 开关连接线 | 用于连接肩带上的开关装置 |
| 4 | 离合器 | 转换用户发力以提供外力支持 |
| 5 | 松紧带 | 连接腿套与离合器 |
| 6 | 连接扣 | 调节松紧带的长度尺寸 |
| 7 | 腿套 | 绑在腿部带动离合器 |
| 8 | 侧带 | 用于紧密固定线束 |

图4-12 HeroWear Apex系统的组件

凭借其模块化组件，Apex可调节以适合各种工人；基于纺织品的设计使其具有独特的透气性和保温性。工人通常在没有空调和炎热的环境中工作。Apex利用特有技术进行通风，并且没有前胸板，利用与背部肌肉平行的弹性材料进行被动辅助。

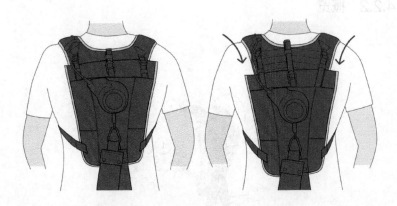

图4-13　HeroWear Apex 的可调节模块化组件

## 4.2.3　技术原理

范德比尔特团队发表了外装背后的基础科学研究，这些研究解释了该设备背后的肌肉骨骼生物力学。

（1）帮助工人减少回载

这项研究对八名健康参与者进行了测试，外装原型设计用于与下背部伸肌平行动作，以减少腰部肌肉组织承受的力。参与者在执行常见的倾斜和提升任务时记录了他们的肌肉活动、身体运动学和辅助力。

研究结果表明原型将竖脊肌活动降低了 20% ～ 40%。

（2）对背部肌肉疲劳的影响

通过比较六名测试参与者在倾斜时举起 16kg 的物体的疲劳率数据（有和没有弹簧动力外装），量化了对下背部肌肉疲劳率的影响。六名参与者中有五名在接受外装帮助时疲劳率平均减少了 30%。

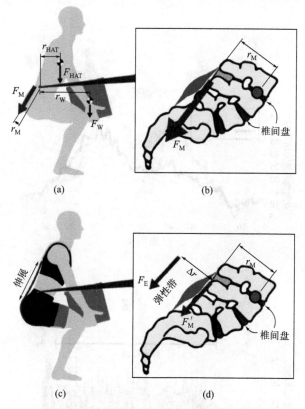

图4-14　穿戴 HeroWear Apex 外骨骼的效果体现

（a）在举重或倾斜等任务期间，腰椎（下背部）伸展力矩是大肌肉和韧带力（$F_M$）作用于脊柱周围短力臂（$r_M$）的结果。这个伸展力矩抵消了来自头臂躯干重量（$F_{HAT}$）和承载重量（$F_W$）的弯曲力矩，后者作用于更大的力臂（$r_{HAT}$ 和 $r_W$）。

（b）大肌肉和韧带力构成了椎间盘承受的大部分负荷。过度和/或重复负荷会导致腰椎组织（肌肉、韧带、椎骨和椎间盘）退化或损伤。

（c）生物力学辅助外骨骼在提升和倾斜过程中伸展。

（d）弹性带承受的力预计会减轻伸肌的负荷，并通过增加伸肌力臂（$\Delta r$）来减少椎间盘负荷。

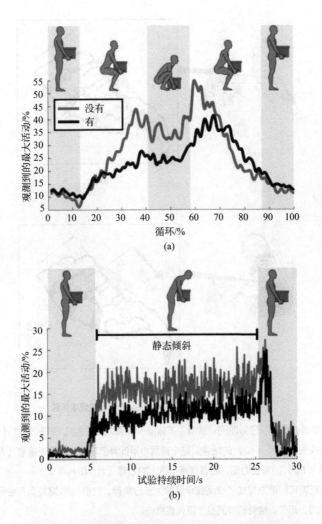

图4-15 代表主题的平均标准化EMG。(a)有与没有生物力学
辅助服装原型的起重任务的肌电图。试验被解析为循环：一个循环
从受试者直立开始，然后受试者蹲下，最后站直以完成循环。
(b) EMG用于有与没有原型的学习任务。平均EMG是在
试验中间计算的，在此期间受试者静态倾斜

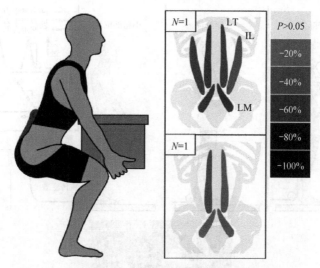

图4-16 当穿着弹簧动力外装时（左），两个有代表性的受试者的
单个腰部肌肉的疲劳率降低程度（右）

（3）工人的认知和接受

研究人员对于在配送中心执行实际工作任务的人员进行调研，收集了
11名后勤工人的使用情况反馈。从问卷中收集到的数据绝大多数是正面的：
100%的人认为外装护具有用并适合他们的日常工作而不会受到干扰，大于
90%的人认为有帮助并且外装护具使举重更容易，大于80%的人认为它很
舒服并且他们穿着外装时可以自由地移动。

（4）描述舒适度极限

在一项研究中，对大腿和小腿周围的袖套以及肩部的安全带施加了一
系列越来越大的力。参与者被指示当他们对更大的力感到不舒服时按下关
闭开关。研究结果为外装设计提供了关键基准，将舒适度确立为可穿戴技
术的关键、可量化标准。

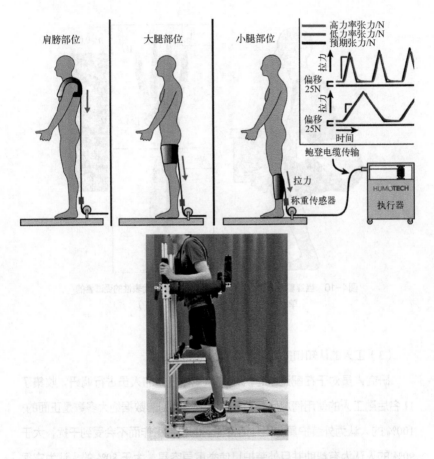

**图4-17 一个机器人执行器用于向三个独立的接口位置施加拉力**

三角形轮廓的峰值力比初始值增加了50N。初始峰值力值（第一个三角形的峰值）和
施力速率（高与低）被随机分配给每个部位和受试者。肩部高力率为300N·s⁻¹，
低力率为100N·s⁻¹；小腿和大腿的高力率为3000N·s⁻¹，低力率为1000N·s⁻¹

## 4.2.4 场景应用

　　HeroWear Apex 通过其只有1.36kg的重量和不含电机的模块化组
合，以及男女都可以使用的设计，使得外骨骼整体可以更加贴合不同工

人的身形尺寸，以减少对工人行为的影响。它为 5 种工人背部劳损较为严重的行业——物流、制造业、建筑、农业以及医疗提供了有效解决方案。

图4-18　场景应用

## 4.3 案例三：MATE-XT

### 4.3.1 产品简介

根据第六次欧洲工作条件调查，职业相关性肌肉骨骼病患（WRMDs，work-related musculoskeletal disorders）在欧洲是最常见的职业病之一。事实上，近 50% 的欧洲工人患有背部、颈部或上肢的疾病，导致严重的健康和成本问题。这些问题对公司和医疗保健系统造成巨大的经济负担。

MATE-XT 于 2020 年 12 月推出，是 Comau 的下一代可穿戴外骨骼，适合室内和室外使用。这款设备可适应水、灰尘、紫外线和比其前代更大的温度范围。此外，MATE-XT 经过重新设计，采用更纤薄、更轻的碳纤维结构，为极端作业者提供轻便且高度透气的人体工程学支撑。与其他肩部外骨骼类似，MATE-XT 适用于任何需要长时间使用上肢的任务，特别是在大约 90° 的屈曲/伸展角度（即所谓的头顶工作）。

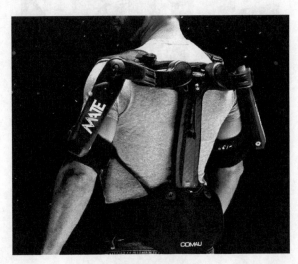

图4-19　MATE-XT

MATE-XT 是唯一获得 EAWS（人体工程学评估工作表）认证的商用外骨骼，证明其能够在繁重的任务中减少生物力学负荷。根据使用 EAWS 在客户现场进行的研究，Comau 估计可穿戴外骨骼可以帮助工人将日常任务的准确性提高 27%，将执行速度提高 10%。它还可以将循环时间减少至少 5%。从操作的角度来看，MATE-XT 有助于提高精度、质量和性能。它减少了 30% 的肩部肌肉活动并降低了工人工作强度，超过 50% 的工人报告工作质量有所提升。

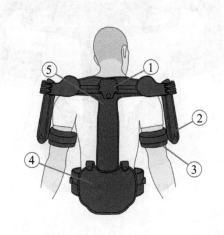

| 项目 | 名称 | 作用 |
|------|------|------|
| 1 | 可调式肩宽锁 | 适配不同体型人群 |
| 2 | 扭矩发生器箱 | 产生重力扭矩以支撑手臂重量 |
| 3 | 滑动式袖口 | 连接手臂 |
| 4 | 身材高度调节系统 | 适配不同体型人群 |
| 5 | 碳纤维结构 | 支撑设备，减轻重量 |

图4-20　MATE-XT 外骨骼组件

## 4.3.2　技术原理

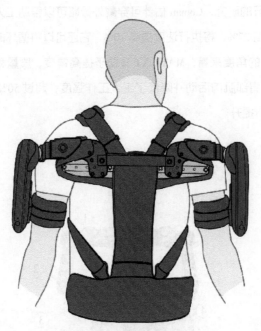

图4-21　MATE-XT的原型机

该设备总重量为 3.5kg，由四个主要部件组成。

（1）尺寸规定结构

为了满足安全有效的人机适配和交互的人体工程学要求，设计了额外的尺寸规定来调节靠背的高度框架和设备的宽度，调整正面平面上驱动盒的方向，并调整肩带的长度。每次佩戴外骨骼时，额外的调整允许收紧骨盆带和调整肩带。

（2）主要力方向（pDOF，principal direction of force）运动链

pDOF 运动链的设计，旨在实现设备的关节轴与人体关节轴的自对准，

最大限度地减少不希望的力量转移到用户的肌肉骨骼系统。整个 pDOF 运动链使系统能够自由外展 / 内收手臂，并顺利抵消外展或内收手臂时盂肱关节被动的内外侧和前后（AP）平移运动。被动机械链与矢状面对称：在每一侧，一个水平滑块串联在两个相互垂直轴的旋转关节上。第一个关节应与肩外展 - 内收轴对齐，而第二个关节具有一个垂直轴，该垂直轴不与任何特定的生物轴相结合，其动作与水平滑块相结合，导致盂肱关节被动的 AP 运动。附加的被动滑块放置在主动盒和袖套之间，以吸收在袖套界面处不需要的平动纵向反作用力。

（3）产生引力的扭矩发生器箱

扭矩发生器箱是被动驱动装置，它将一组并联弹簧的弹性能量储存并转化为辅助作用。补偿系统由两个连接的齿轮组成，其中一个与肩关节耦合，另一个通过不同心的方式与一组弹簧连接。所述机构的设置方式是，当臂与躯干平行放置时，弹簧力达到其最大值，且力矩相对于弹簧齿轮轴为零，从而产生零力矩。随着手臂抬高的增加，弹簧力减小，但力矩增加：在生理肩部抬高过程中，这个机构产生的力矩随手臂的重力力矩曲线持续变化。因此，当手臂仰角为 90° 时，辅助力矩达到最大值，当手臂放松时，辅助力矩逐渐为零。原型 MATE-XT 允许在四个不同的水平上调节辅助力矩。辅助力矩分布有四个级别（1、2、3、4 级分别设置补偿的最大重力扭矩为 3.2、3.8、4.8 和 5.5 N·m）。

（4）pHMI（将设备连接到人体腰部、躯干和手臂，负责将力传递给人体并支撑反作用力）

pHMI 由背部支撑结构和连接设备与用户身体的所有部分组成，如肩带、袖口和腰带。背部支撑结构为 T 形铝框架，其设计目的是通过定制的皮带将扭矩发生器箱产生的反作用力分配到用户的骨盆区域。

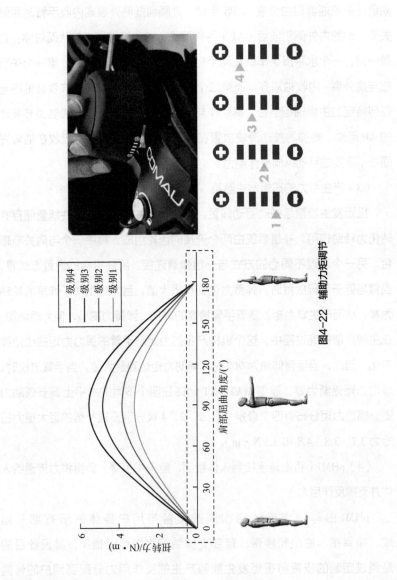

图4-22 辅助力矩调节

### 4.3.2.1 成像肌电图

根据不同的实验任务,采用 4 种方法计算成像肌电信号(iEMG)。在功能性任务中,iEMG 参数在最后一组 12 个手势中计算,手动对肘部和肩部的屈曲角轮廓进行分割 [图 4-23(a)]。在到达任务中,运动学和肌电信号被分割成周期(即,每个周期是一个功能性或到达性运动),跨越两个连续的肩部屈曲角的局部最小值 [图 4-23(b)]。在静态任务中,iEMG 参数在采集的最后 50s 内计算 [图 4-23(c)]。在准静态任务中,iEMG 参数在最后一组从肩部屈曲角剖面中提取的 15 个正弦波中计算 [图 4-23(d)]。

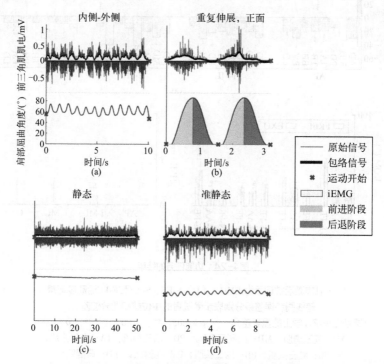

**图4-23 肌电图和关节活动度参数的数据分析和提取**
在(a)功能性任务、(c)静态任务和(d)准静态任务中,选择信号的最后一部分来计算肌电参数。(b)基于肩部屈曲角的到达任务分割,计算每个周期的肌电参数

## 4.3.2.2　功能测试

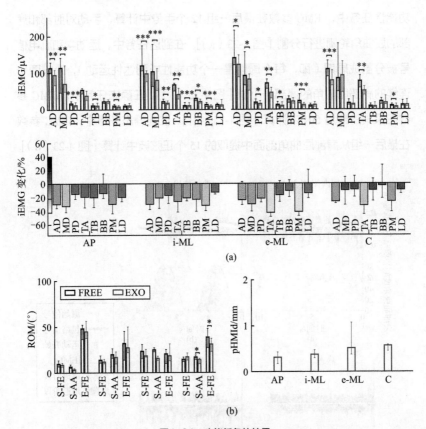

(a)

(b)

图4-24　功能任务的结果

（a）肌肉激活被记录为iEMG；（b）S-FE、S-AA和E-FE活动度记录；

箱线图和误差条分别表示受试者的中位数和四分位差。

星号代表统计学上的显著差异。*：$p \# 0.05$；**：$p \# 0.01$；***：$p \# 0.001$；

AD：前三角肌；MD：内侧三角肌；PD：后三角肌；TA：上斜方肌；

TB：肱三头肌；BB：肱二头肌；PM：胸大肌；LD：背阔肌；

S-FE：肩关节屈伸角度；S-AA：肩关节内收外展角度；

E-FE：肘关节屈伸角度

### 4.3.2.3　重复到达测试

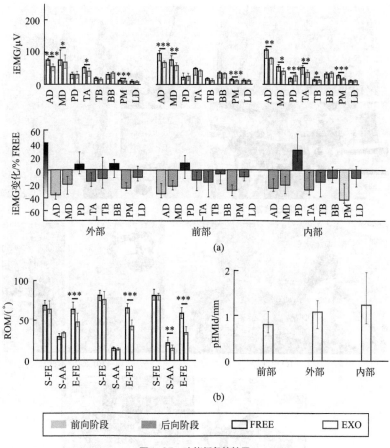

图4-25　功能任务的结果

（a）肌肉激活被记录为 iEMG；（b）S-FE、S-AA 和 E-FE 的活动度记录
箱线图和误差条分别指的是受试者的中位数和四分位差。
星号代表统计学上的显著差异。

\*：$p \# 0.05$；\*\*：$p\#0.01$；\*\*\*：$p \# 0.001$

### 4.3.3 场景应用

(a) 汽车/航空航天/铁路　　　　　　(b) 建筑

(c) 电气　　　　　　(d) 家具/木材

(e) 食品与饮料

**图4-26　场景应用**

## 4.4　案例四：MAX模块化轻型外骨骼

### 4.4.1　产品简介

MAX 是加州大学伯克利分校机器人和人体工程实验室的衍生产品，该实验室由机械工程教授 Homayoon Kazerooni 创立。Kazerooni 于 2005 年创立了 Ekso Bionics。

MAX 外骨骼产品主要用于为工人在从事重体力劳动时提供支持和保护，从而减少常见的劳动损伤。其中包含三个部分，即 Back X、Shoulder X 和 Leg X，可分别穿戴于背部、肩膀和腿部，减少这些部位的关节和肌肉在劳动中的受力。企业可以根据具体劳动的需要，为工人装备整套外骨骼，或只选择其中一两件。在抬举、搬运、下蹲或其他重复性劳动中，MAX 可以为工人提供有效的身体保护，能广泛应用于建筑、机场、组装线、造船、物流等需要重复性劳动的场景。

### 4.4.2　概览

（1）Back X

Back X 是一种新型工业用人体外骨骼，可显著增强穿戴者的力量，并在穿戴者弯腰、举起物体、弯曲或伸手时将作用在穿戴者下背部（L5/S1 椎间盘）上的力和扭矩平均降低 60%。Back X 增强了佩戴者的力量，并可以降低工人背部受伤的风险。Back X 专为全天佩戴而设计，不妨碍自然运动，佩戴者可以毫无限制地行走、上下楼梯和梯子、驾驶汽车、骑自行车、跑步或其他操作。

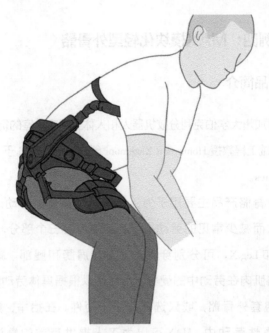

图4-27　Back X

某安装在大多数商业外骨骼上的人体躯干控制器进行了设计研究，并通过由此上肢的[1]HONG Xiang Dang用户的测试于2001年获得专利，由Ex-B Back。

人工躯干机器躯干的脊椎脊椎与下肢的脊柱，具有的脊柱控制器的关节支持。人体脊椎脊椎连接器的脊柱控制支撑，胸腔与人体，并由此人工Smith上的X，工作脊柱的中关节支持着关肌，通过之脊骨控制关节连接在相互关节的脊柱控制支撑，控制支持上人体脊骨控制等功能，工作人支持，工作人关节控制，工作肌肉控制脊椎关节支持的中，以人支持支持脊椎关节控制脊椎支持人人机控制控制器，机控，机控制控制，连接支持，并由此关节支持的其关人支持支持工作支持控制器。

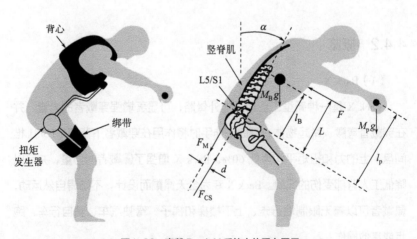

图4-28　穿戴 Back X 后的人体受力展示

标签：背心，竖脊肌，L5/S1，扭矩发生器，绑带在没有任何载荷的静态情况下，施加在 L5/S1 处的力矩可以表示为 $M_Bgl_B\sin\alpha$，其中 $M_B$ 表示人的上半身质量（包括躯干、头部和手臂），$g$ 表示重力加速度，$l_B$ 表示上半身质量中心到 L5/S1 处的距离。一个简单的计算表明，在 L5/S1 处的力矩可以达到 200N·m，即使人没有拿起载荷。显然，这一力矩范围在载荷处理和动态操作过程中会增加。当工人穿着所建议的 Back X 时，扭矩发生器会在设备背心和设备大腿绑带之间产生扭矩。由于躯干的重量，这个扭矩产生了一个力 $F$，作用在抵抗这个扭矩的人身上。这意味着施加在 L5/S1 的扭矩减少到一个新的值（$M_Bgl_B\sin\alpha-FL$），其中 $L$ 是力 $F$ 到 L5/S1 处的距离。这显示了这里提出的基本概念，即 Back X 减少 L5/S1 处的力矩，从而减少重复操作中受伤的可能性。

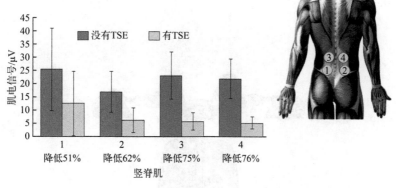

图4-29 肌电图（EMG）测试结果

加州大学伯克利分校和加州大学旧金山分校的研究人员最近的一项研究表明，四个最容易受伤的下背部肌肉群的 EMG 肌肉活动平均减少了 60%。电极被放置在八个测试对象的四个竖脊肌群上，这些测试对象在佩戴和不佩戴 Back X 时都进行了测试。该图显示，当受试者佩戴 Back

X 时，四个肌肉群的活动显著下降。在此图中，TSE 代表 Trunk Support Exoskeleton，即 Back X 的原始技术名称。

（2）Shoulder X

Shoulder X V3 是世界上最先进的肩部支撑外骨骼，供汽车、建筑和造船工人使用。其通过减少肩部复合体的力量来增强佩戴者的能力，大大降低肩部受伤的风险并提高工作场所的生产力。Shoulder X V3 引入了一种新颖的人机界面技术，可以自动贴合每个用户独特的体型，实现完美贴合和无与伦比的舒适度。该技术为用户提供了牢固的贴合性，减少了佩戴者和外骨骼之间的滑动下垂。此外，该界面提供卓越的透气性，并具有出色的散热能力，从而最大限度地提高用户的舒适度。

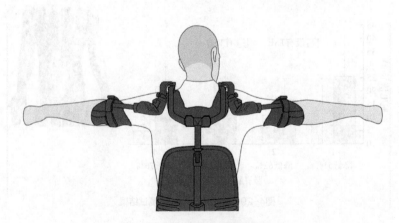

图4-30　Shoulder X 系统的组件

Shoulder X 不需要额外的硬件来调整设备的大小或强度。这消除了丢失组件的风险并减少了公司必须管理的库存总量。标准框架适合各种身高、腰围、肩宽、胸深和臂长（人体尺寸的 5%～95%），无需额外部件。

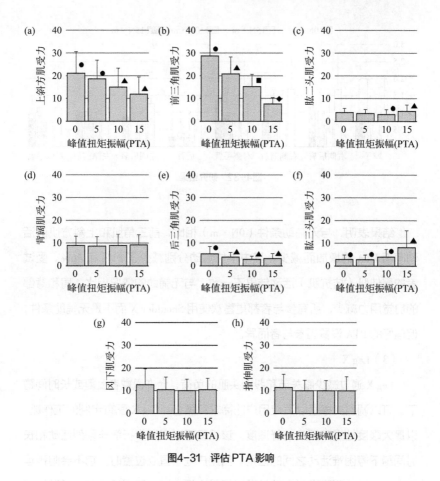

图4-31　评估PTA影响

　　为了评估不同的峰值扭矩振幅（PTA）在不同的任务要求中的物理和主观影响，该团队在实验室环境下评估了穿戴 Shoulder X 外骨骼的 14 名男性参与者，通过测量双侧中位和峰值肌肉活动、偏好和感知用力（只有一半样本有主观反应），应用 4 个 PTA 支持水平（0、5、10、15N·m 峰值扭矩），让参与者使用轻（0.45kg）和重（2.25kg）执行持续和重复的头顶任务。

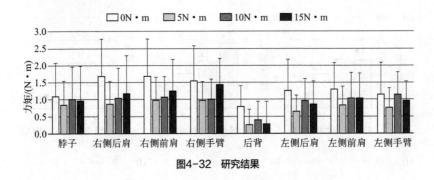

图4-32　研究结果

结果表明，与无辅助条件（0N·m）相比，前三角肌和上斜方肌的活动随着 PTA 的增加而减少，其中中位活动分别减少了 81% 和 46%。受试者的肩伸肌（拮抗肌）活动结果不一致。与无辅助的情况相比，肩和背部的自觉用力减少。所有参与者都更喜欢使用 Shoulder X 而不是无辅助条件，但偏好的 PTA 设置因参与者而异。

（3）Leg X

Leg X 通过减少膝关节和股四头肌的负荷，允许佩戴者反复或长时间蹲下。可以调整支撑量以适应用户的需求和重量。Leg X 配有定制的工作靴，以最大限度地提高用户的舒适度。该设备可以识别步行等非剧烈活动和长时间蹲下等困难活动之间的区别。当用户处于直立位置时，它不会阻碍运动，并在过渡到蹲姿时自动触发以提供支撑。这种智能设计可在佩戴设备时提供最佳支撑和最大的运动自由度。Leg X 具有锁定模式，外骨骼可以像椅子一样使用。拟人化的外形和可调节的尺寸允许用户在狭小的空间内自然运动和直观地感知一个人的位置。Leg X 与工人一起自由移动，不会妨碍佩戴者，同时在蹲下任务期间提供支撑。

Leg X 与 Shoulder X 和 Back X 兼容。模块可以组合成 7 种不同的外骨骼，为每项任务提供定制的解决方案。

图4-33 Leg X

  Minerva V. Pillai 等人评估了 Leg X 在整个运动范围内提供弹簧辅助或在固定角度位置锁定支撑的情况。参与者在髋关节和膝关节高度之间交替执行动态面板任务，并在有和没有外骨骼的情况下执行持续地面运动任务。外骨骼在站姿举高的任务中以弹簧模式、锁定模式和弹簧＋锁定模式进行评估，在地面任务中仅以锁定模式进行评估。记录参与者（$N=15$）的右侧腰髂肋肌、胸棘肌、胫骨前肌、股直肌、半腱肌和腓肠肌外侧的肌肉活动。

  结果显示，腿部支撑外骨骼，如 Leg X，在模拟蹲式静态和动态工作时，如模拟面板工作、大型研磨工作或混凝土铺设工作，会显著减少股直肌的肌肉活动。同时使用弹簧辅助和锁定模式辅助比仅使用弹簧辅助或锁定模式来模拟动态任务更能减少肌肉活动。通过减少膝伸肌所需的肌肉力量，可以减少膝关节的负荷。这有可能减少职业环境中的膝关节不适和疼痛，并有可能降低发展为膝关节疾病的风险，如膝关节炎和半月板损伤。

### 4.4.3 场景应用

(a) Shoulder X

(b) Back X

(c) Leg X

图4-34 场景应用

## 4.5 案例五: EVO

### 4.5.1 产品简介

100 多年前,在亨利·福特的领导下,福特汽车公司发明了移动装配线,彻底改变了汽车生产。今天,福特仍致力于利用突破性技术进一步革新大规模生产。重复的日常工作对体力的要求对工人们造成了伤害。生产线上的部分工人平均每天举臂 4600 次,每年举臂 100 万次,疲劳或受伤的可能性大大增加。

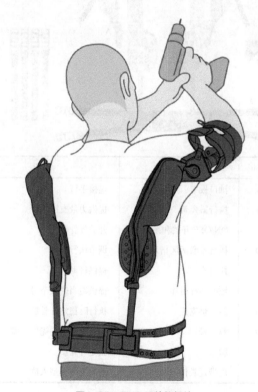

图4-35 EVO 系统的组件

EVO 是一种被动的、装有弹簧的上半身外骨骼，可帮助工人进行高空作业。该设备在每只手臂上可以提供 2.3 ～ 6.8kg 的力量辅助。EVO 旨在减少疲劳以及肩部和背部的肌肉拉伤。最新的设计进步使 EVO 可以广泛地适用于工业制造、食品加工和建筑行业。EVO 的专利——堆叠连杆结构在整个运动范围内无缝地跟随用户的手臂和肘部，同时通过重复运动提供正确的关节对齐，可追踪身体的自然运动并允许不受限制的运动范围。

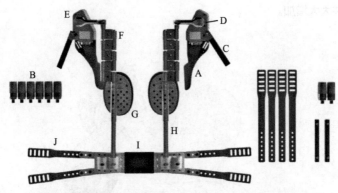

| 标识 | 组件名称 | 功能 |
|---|---|---|
| A | 袖口板 | 连接手臂 |
| B | 执行器弹簧 | 提供力量支撑 |
| C | ON/OFF 开关和系绳 | 开关外骨骼 |
| D | 执行器激活区指示器 | 调节执行区域 |
| E | 执行器 | 提供辅助 |
| F | 堆叠连杆组件 | 提供适当的关节对齐 |
| G | 躯干垫支撑 | 执行时稳定外骨骼 |
| H | 躯干管 | 为外骨骼结构提供支撑 |
| I | 腰板 | 固定外骨骼 |
| J | 皮带延长件 | 适配更多体型人群 |

图4-36 EVO 的原型机组件

| 辅助水平1 | 辅助水平2 | 辅助水平3 |
|---|---|---|
| 5~7 lb. | 7~9 lb. | 9~12 lb. |
| (2.25~3.15kg) | (3.15~4.05kg) | (4.05~5.4kg) |

图4-37 EVO可调节执行器

EVO 提供的力辅助水平可以通过改变每个臂中的执行器弹簧来调整。有三组执行器弹簧级别可供选择。每个弹簧级别对应大约的移位辅助支撑力量。每个弹簧的支撑级别显示在弹簧端盖上。1 级提供的支撑力最小，而 3 级提供的支撑力最大。

EVO 的特点是具有可调节的"激活区"。激活区是 EVO 在执行前方和头顶工作时为操作员的手臂提供支撑的区域。

EVO 提供三种不同的激活区设置：

● H（高）设置（通常用于高架工作）；

● "Standard"标准设置（由中间线标记）；

● L（低）设置（通常用于前台工作）。

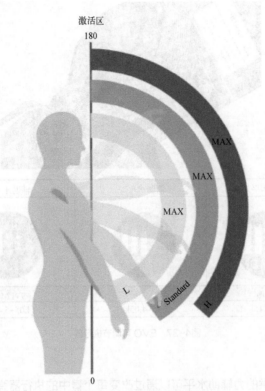

图4-38　EVO 的可调节"激活区"

## 4.5.2　技术原理

凭借独立的负载路径，EVO 将左右肩部支撑结构完全分离，让用户的躯干和腰部具有充分的灵活性，因此扭曲和弯曲感觉完全自然。

EVO 外骨骼无需任何额外的电池或任何类型的电力，可以佩戴一整天而无需停机。它可以通过每个肩膀上的拨动开关轻松激活和控制，允许个人穿上背心并在没有任何额外帮助的情况下工作。

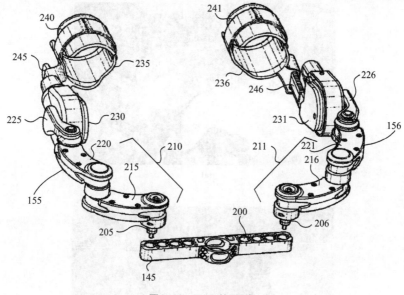

图4-39 EVO 的原型机

## 4.5.3 场景应用

（1）建筑行业

2019 年，工作伤害最常见的原因是过度劳累。20% 的建筑工人报告有严重疼痛，建筑工人报告健康状况不佳的可能性是普通工人的 5 倍。美国公司每年为工伤支付近 620 亿美元，因此设计了 EVO 来解决这些问题。

（2）制造业

制造商需要快速和准确地工作，以保持低生产成本和高质量产品。这就是为什么像福特、波音等领先品牌转向 Ekso 来满足他们的人体工程学需求。Ekso Bionics 是外骨骼解决方案的领先开发商，其开发的外骨骼帮助工人提高他们的耐力和减少他们受伤的风险。

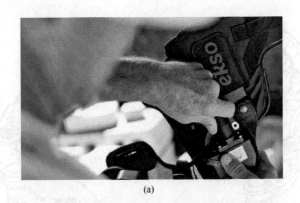

(a)

(b)

图4-40 场景应用

## 4.6 案例六：Paexo Back物流外骨骼

### 4.6.1 产品简介

Paexo Back是由物流专家以及仓储和包裹配送中心的员工合作开发的。外骨骼根据生物力学原理工作：负载像背包一样从肩部卸下，并在外骨骼支撑结构的帮助下转移到大腿。储能器在弯曲时吸收力，在抬起时再次释放。

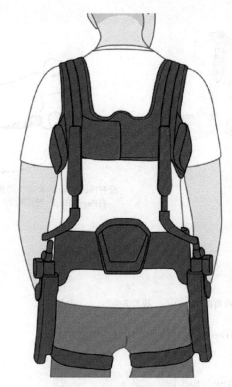

图4-41　Paexo Back系统的组件

　　Paexo Back 提供高达 25kg 的重要支撑，该系统的核心是位于臀部的纯机械离合器。它可以区分弯曲和行走，并在行走时自动关闭，以提供完全的运动自由度。支撑程度可以根据不同工作步骤的负载进行连续调整。

　　屈曲角度越大，对脊椎的压力就越大，越危险。佩戴 Paexo Back 时，在直立站姿下，椎间盘仅受 1.2kN 的压力。使用 Paexo Back 后，在包裹重量为 23kg、屈曲角度为 59° 的情况下，脊椎承受的压力仅为 3.0kN，而不使用时则为 3.8kN。

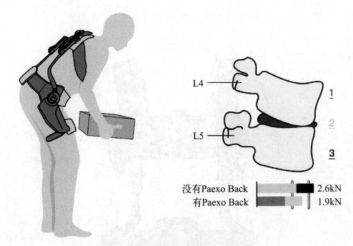

没有Paexo Back　2.6kN
有Paexo Back　1.9kN

图4-42　Paexo Back 的使用状态

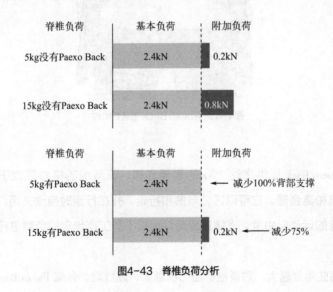

图4-43　脊椎负荷分析

一个人的正常体重对脊椎造成 2.4kN 的压力，25kg 的负载会增加 1.4kN 的压力，而有了 Paexo Back 的压力释放功能，只增加 0.7kN 的压力。

也就是说，背起一个 25kg 的包裹，压力会减轻 50%。

## 4.6.2 应用场景

Paexo Back 在处理高频负载时可以减轻脊椎的负担。对于举起重物的深度弯曲运动，Paexo Back 可提供高达 25kg 的下背部缓解。该机构可以独立区分弯曲和行走，从而确保在物流中心工作时完全自由活动。Paexo Back 的典型应用是包裹拣选和重新码垛。

# 第五章　消费级人体外骨骼

随着外骨骼技术的不断发展，其应用范围逐渐扩展到除军用以外的众多领域。在未来，外骨骼的商业化趋势明显，未来外骨骼的主要市场一定还是消费级市场。消费级人体外骨骼作为外骨骼中的一类，主要应用于生活领域，如帮助增强老人及行走不便之人的运动能力、运动人士预防劳损和伤害、教育培训等。

已经有一些公司和研究机构在消费级人体外骨骼方面做出了尝试。如 Roam 公司的滑雪外骨骼是一种应用于户外滑雪运动的外骨骼，主要作用是通过减轻膝关节和股四头肌的负荷，避免滑雪时可能的伤害，主要消费群体是年长的滑雪者、季节性滑雪者和受伤后恢复训练的滑雪者；本田公司的两代步行辅助器中，第一代步行辅助器专为仍然能够独立行走的人设计，不仅可以帮助患者行走，还可以分析他们的行走方式，以提供医学数据，第二代的体重支撑型步行辅助器，可以减轻用户腿部肌肉和关节的负荷，应用更加广泛；Super Flex "动力服"以紧身内衣的形式帮助老年人实现日常行走、站立以及搬运重物；三星 GEM 外骨骼是一款旨在纠正姿势、提供稳定性、增加步行速度并提供阻力以帮助受伤康复的步行助手，主要针对行动不便者、伤患复健，或是运动训练诉求打造；Exhauss Cine 云台相机支持外骨骼专为长时间搬运作业工具和重物而设计，可以减轻架空作业人员手臂的负荷。

根据应用场景，可以把消费级外骨骼分为三大类：①用于预防劳损和伤害的运动类外骨骼；②用于步行的一般交通工具代替类外骨骼；③支持类外骨骼。

## 5.1 案例一：Roam Elevate机器人滑雪外骨骼

### 5.1.1 产品简介

　　Roam Robotics 是一家致力于开发增强人体功能的外骨骼的公司。他们开发了一种名为 ROAM 的外骨骼装置，旨在减轻滑雪者的身体负担。ROAM 的主要目的是减轻膝关节和股四头肌的负荷，防止在运动过程中因扭动腿部和臀部而造成的伤害。它可利用传感器和智能软件，预测滑雪者的转身动作，自动调整膝关节和四轴支撑，帮助滑雪者自然移动，保障安全。外骨骼提供的保护不仅限于膝盖，还可以延伸到身体的其他部位。例如，外骨骼可以保护滑雪者的脚、大腿和臀部。该产品的目标消费群体是年龄较大的滑雪者、季节性滑雪者和伤病恢复期的滑雪者。

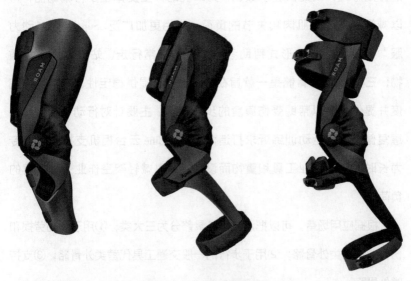

图5-1　ROAM 滑雪外骨骼

## 5.1.2 概览

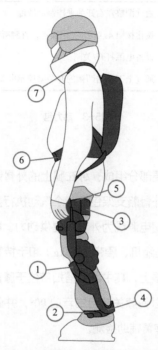

| 项目 | 名称 | 作用 |
|---|---|---|
| 1 | 膝盖支撑带 | 调整膝关节与外骨骼的对齐支点 |
| 2 | 小腿束带 | 连接、调整 |
| 3 | 大腿承力带 | 调整大腿束带松紧，使装备用起来舒适 |
| 4 | 踝关节束带 | 连接、调整 |
| 5 | 电源组 | 动力组成 |
| 6 | 腰带 | 安装和调整电源组 |
| 7 | 胸束 | 调整电源组 |

图5-2 Elevate 系统组件

| 项目 | 名称 | 作用 |
|------|------|------|
| 1 | 灵敏度切换 | 通过调整左右开关来控制灵敏度 |
| 2 | 控制器按钮 | 按住按钮 4s 打开/关闭设备，直到听到设备电源打开/关闭 |
| 3 | 动力开关 | 通过上下点击两侧的开关来控制电源 |

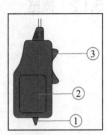

图5-3　动力包

　　该系统由两个主要部分组成：绑在腿上的外骨骼支架部分和背在背上的"动力包"部分。外骨骼支架包含一个气动执行器，安装在膝盖处。电源组通过底部的可伸缩电源线为外骨骼提供动力。ROAM 外骨骼由铰接式护膝（2.1kg）、空气压缩机、腰带（2.3kg）和手持触发器组成。使用尼龙搭扣带将设备固定在腿上，其中两条搭扣带位于膝盖铰链上方，另外两条位于下方。外骨骼可以使膝关节自由弯曲 90°，并通过使用者的运动触发力反馈控制和非线性弹簧辅助检测。

## 5.1.3　使用步骤

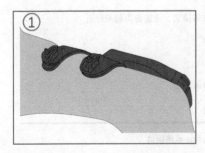

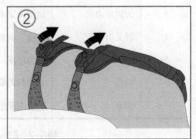

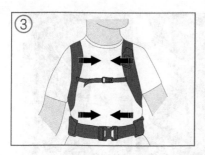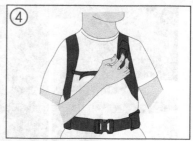

图5-4　使用步骤
① 展示了外骨骼放置位置；
② 可伸缩的绳索，它可以插入支架进行固定和电力传输；
③ 用户像背包一样佩戴"动力包"；
④ 控制器，用于打开/关闭系统，或打开/关闭电源

### 5.1.4　技术原理

ROAM 外骨骼还能在滑雪时减轻膝关节承受的压力。该设备内置传感器，可探测滑雪者的动作，利用气囊和织物自动调整膝盖部位的扭矩。在下坡时，该设备还提供一种平衡的辅助功能，减轻肌肉压力，帮助应对难度较大的转弯或在斜坡上停留等情况。如果滑雪者已经确定自己下一步的动作，还可以手动进行调整。

气动驱动装置因其固有的顺应性、轻重量和高功率质量比而成为更好的人机交互选择。这种驱动装置通常被用作康复训练中的系留装置，其中控制单元、空压机和泵总是在人体外部。提供气动动力源的方法是气动驱动中的一个重要问题。根据执行方式，气动执行器可分为旋转执行器和线性执行器。Elevate Robotic Ski Xo 属于旋转执行器，利用扇形气囊为滑雪者提供膝关节动力。

下面解释该外骨骼气动执行器（扇形安全气囊）的运动。

控制方法：扭矩控制。

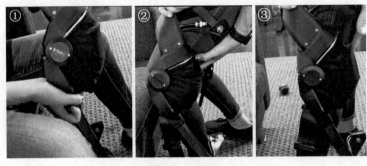

**图5-5 控制方法**
① 显示完全伸展/充气,这就是站立时的样子;
② 坐在支架的顶部带子中,同时执行器放气;
③ 再次站立时,膝盖旁的执行器现在已完全充气

气动执行器就像一个空气弹簧,当弯曲膝盖时,执行器会放气;当伸直双腿时,执行器会膨胀,从而为肌肉提供执行该动作所需的动力。但是,即使执行器放气,也会得到支撑。图5-5演示了如何坐在支架上,同时执行器放气。支具由脚固定,带子环绕大腿后部。所以,顶部带子可以减轻身体的部分负荷,就像坐在椅子上一样。然后,当腿开始伸展时,执行器开始伸展。这有助于在膝盖伸直时将身体向上拉。

该设备的嵌入式传感器预测滑雪者或骑手的动作,然后激活一个调节扭矩的气囊,在靴子顶部和股四头肌之间的腿上产生反作用力,这使用户可以在不给关节施加太大压力的情况下移动。该设备将配备一个智能手机应用程序,允许手动调节扭矩并提供性能统计数据。

## 5.1.5 应用范围

制造商的最终目标是扩大每个人的运动范围并让他们保持更长时间的活动。它支持各种户外活动,包括滑雪,这是一种消耗体力的代表性运动;在医疗领域,它将帮助老年人或需要康复的人。

(a) 户外运动

(b) 日常生活

(c) 军事、救援领域

图5-6　应用范围

## 5.2 案例二：本田Walking Assist步行辅助器（第一代）

### 5.2.1 产品简介

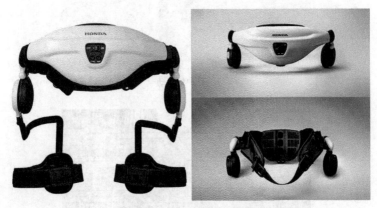

图5-7 本田步行辅助器

本田于 1999 年开始研究步行辅助装置，旨在帮助更多的人自由行走。在 1999—2008 年期间，本田基础研究所研发了至少 30 个可穿戴机器人原型。到 2008 年底，他们最终确定了两个模型，即体重支持辅助装置和步行辅助装置，将步行问题简化为两个问题：对抗重力以保持站立和产生前进的力量。

本田步行辅助器是一种行走辅助装置，基于双足步行理论的倒立摆模型，专为仍然能够独立行走的人设计。通过采用本田自主开发的薄型电机和控制系统，以及使设备能够与皮带一起佩戴的简单设计，实现了该设备的紧凑设计，总质量低至 2.8kg。在行走时，它可以显示辅助扭矩，帮助用户了解髋关节的内部状态。此外，辅助步行控制是其一个功能，可以略微提高步行效率，它还可以分析患者的行走方式，为医生提供关于两腿之间不平衡或臀部等问题的宝贵数据。然后，机器会根据患者的特殊步行需求自动调整自身，适用于能够行走但因卒中而导致步态障碍的人（卒中是世界上导致成人长期残疾的主要原因）。将其佩戴在用户的腰部和腿部，有助于实现更高效和对称的步行模式，使患者能够走得更快、更远。经过训练的医疗保健专业人员在临床环境中使用本田步行辅助设备已证明其可以促进神经肌肉恢复。

表5-1 技术规格

| 总宽度 | 430~495mm |
| --- | --- |
| 重量 | 大约2.8kg（含电池） |
| 每次充电后的使用时间 | 约60min |
| 电池 | 锂离子电池，22.2V，1A·h |
| 电机输出 | 最大扭矩：4N·m |
| 使用环境 | 室内或室外（下雨时除外）平地/地面 |
| 适合储存的温度范围 | -20~55℃ |
| 适合使用的温度范围 | 10~30℃ |
| 适合使用的湿度范围 | 30%~85% |

## 5.2.2 概览

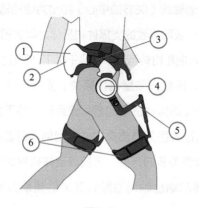

图5-8

| 项目 | 名称 | 作用 |
|------|------|------|
| 1 | 电池 | 提供电源 |
| 2 | 控制计算机 | 计算单元 |
| 3 | 腰带 | 固定 |
| 4 | 电机及角度传感器 | 检测髋关节的运动 |
| 5 | 腿带 | 固定 |
| 6 | 大腿束带 | 固定 |

图5-8 本田步行辅助器组件

本设备包括腰部支撑架、发动机和腿部支撑架。发动机位于腰部支撑架两侧，控制计算机和电池内置于背部。

该步行辅助装置还包括固定在佩戴者臀部的臀部支撑组件、带有驱动轴的动力驱动器（固定在臀部支撑组件上）、从驱动轴径向延伸的辅助力传动臂和将辅助力传动臂的自由端固定在佩戴者大腿骨（股骨）区域的大腿支撑件。其特点在于，大腿支撑件通过带有袋子的垫与大腿骨区域接合，并在袋子中填充滚动颗粒。

因此，该装置允许佩戴者的大腿骨区域与大腿支撑件滑动接触，这可以适应由于身体运动轴线（关节的中心）和动力驱动器/传动臂与佩戴者身体接合点之间不一致所导致的支撑件和身体之间的相对运动。此外，它还允许下肢的自然弯曲和扭转运动，不会干扰下肢的自然运动。

如图 5-9 所示，该助行装置包括髋关节支撑构件、一对股骨支撑构件和连接到髋关节支撑构件的致动器，该致动器用于为每个股骨支撑构件产生辅助力。通过将髋关节支撑构件固定到佩戴者的髋部，将每个致动器固定到佩戴者髋关节的一侧。将股骨支撑构件穿戴在使用者的股骨区域上，从致动器的输出轴向沿股骨区域的辅助力最终被传递到股骨区域。

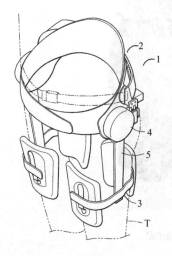

| 项目 | 结构名称 |
| --- | --- |
| 1 | 助行装置 |
| 2 | 髋关节支撑构件 |
| 3 | 一对股骨支撑构件 |
| 4 | 连接到髋关节支撑构件的致动器 |
| 5 | 股骨区域的外侧延伸的扭矩臂 |
| T | 股骨区域 |

图5-9　本田步行辅助器简化结构

## 5.2.3　使用步骤

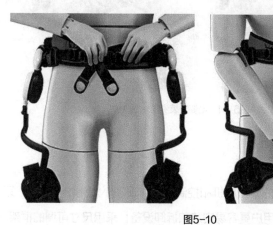
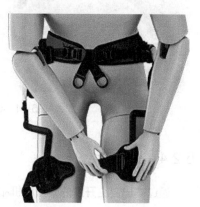

图5-10

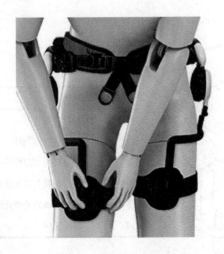

图5-10 站立安装步骤

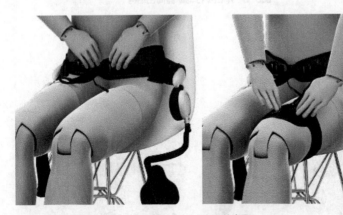

图5-11 坐姿安装步骤

## 5.2.4 主要特点

通过本田自主开发的薄型电机和控制系统实现了小型化和轻量化；采用简单的皮带结构，使用户更容易安装和拆卸设备；采用尺寸可调的框架，使更多不同体型/类型的人使用本田步行辅助装置成为可能；本田步行辅助装置具有测量功能，可在平板型信息设备上可视化每个用户的独特步行模式和训练状态。

提供三种训练模式。

① 跟随模式：步行辅助装置根据用户的步行模式影响用户的步行动作。

② 对称模式：步行辅助装置根据用户的行走模式，影响用户实现双腿弯曲、伸展等双侧对称运动。

③ 步态模式：步行辅助装置反复影响用户的步数以恢复摇杆功能，从而实现重心的平稳移动。

## 5.2.5　技术原理

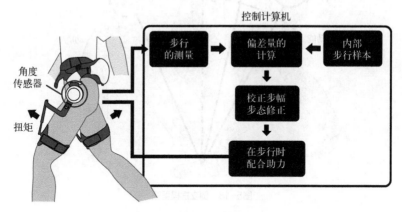

图5-12　步行辅助器的控制原理

该设备是一种辅助步行训练设备，通过在髋关节左右两侧的致动器提供辅助力，辅助下肢功能不足的人的肌力，实现高效步行。配备有股骨支撑构件的助行装置，该股骨支撑构件可固定辅助力传动臂的自由端，用于将动力致动器的辅助力传递到佩戴者的股骨区域，而不会造成任何不适。

致动器有一个内置的角度传感器，当一个人开始行走时，角度传感器会检测到髋关节的运动，并计算出随后的行走模式。在适当的时机，使致动器产生用于伸展和弯曲的辅助力，以便根据计算的步行模式调整步幅。

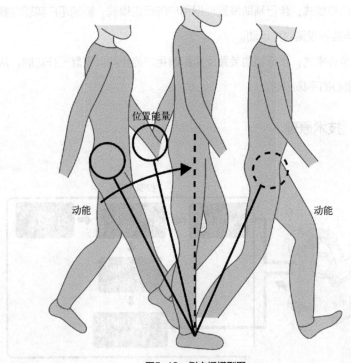

图5-13　倒立摆模型图

该设备有两个无刷直流电机，由可充电锂离子电池驱动。SMA致动器内置角度和电流传感器，监测用户髋关节的运动范围和SMA产生的扭矩。本田Walking Assist采用"倒立摆模型"支持高效行走，行走过程中髋关节的运动由左右电机内置的角度传感器检测，控制计算机驱动电机。该设备跟踪用户的测量历史，允许在个人计算机上分析数据，并根据从臀部角度传感器获得的数据激活电机，以改善每条腿从地面抬起并向前伸展的时间对称性，并促进更长的步幅，从而更轻松地行走。

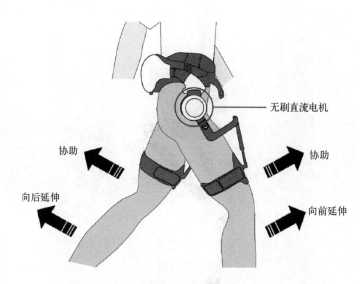

图5-14　原理图

## 5.2.6　电机驱动

本田步行辅助装置采用协同控制技术，这项技术基于本田对人类步行的积累研究开发而来，类似于本田人形机器人 ASIMO 的技术研发。该协同控制技术利用从臀部角度传感器获得的信息，电机根据控制 CPU 的命令提供最佳辅助。通过这个辅助，用户的步幅可以加长，从而轻松步行。

## 5.2.7　应用范围

专为仍然能够独立行走的人设计。

## 5.3 案例三：本田Walking Assist体重支撑型步行 辅助器（第二代）

### 5.3.1 产品简介

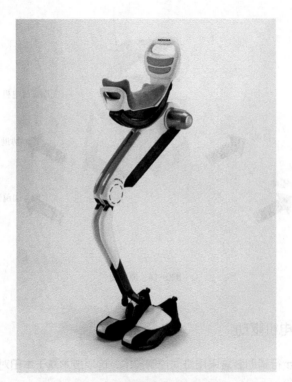

**图5-15 体重支撑型步行辅助器**

本田从1999年开始着手研究提升老年人和工人腿部能力的步行辅助设备。2001年提出了一种利用逆动力学分析的联合力矩辅助方法，2007年提出了一种系统重量补偿方法。通过研究生物医学工程，开发了一种体重支持系统的步行辅助装置原型，可以在各种情况下减轻用户腿部肌肉和关节的负荷。体重支撑型步行辅助器可以支撑用户的一部分体重，减轻腿部肌肉和关节（髋关节、膝关节、踝关节）负担。该装置结构简单，由座椅、框架和鞋子等组成，只需穿上鞋子，抬起座椅即可轻松安装。这套系统除鞋子与锂电池，总重量仅 6.5kg，充电后可续航 2h。

表5-2　主要规格

| 重量 | 6.5kg |
|---|---|
| 驱动方式 | 电机×2 |
| 电池盒 | 锂离子电池 |
| 充电一次可使用时间 | 大约 2h（步行、弯腰等姿势） |
| 适合身高 | 设定身高±5cm 的范围，例：M号，设定身高 170cm |

## 5.3.2　概览

本田体重支撑型步行辅助装置的设计结构包括座椅、导轨、上框架、中间接头、下框架、底部接头和鞋等。座椅和导轨通过用户背部后面的接头连接，导轨通过滚轮与上框架连接。考虑到腿摆动运动的容易程度，致动器布置在上框架顶部的后部，通过中间接头产生扭矩并连接上下框架。下框架通过底部接头与鞋相连。系统内置电气系统和电池，能够适时施加辅助力，减轻使用者负担。此外，该系统符合人体工学设计，可实现姿势移动与重心转移等，使用者能轻易地坐上和穿戴辅助器，无需额外的腰带扣紧。系统通过左右机械支架各一颗的电机，让步行辅助器判断不同情况，能够自动地适时施加辅助力。

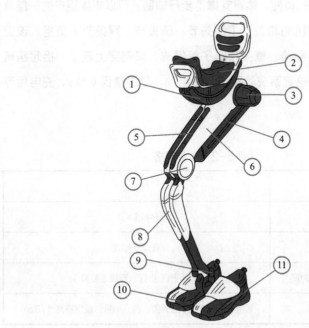

| 项目 | 名称 | 作用 |
|------|------|------|
| 1 | 圆弧形导轨 | 支架 |
| 2 | 座椅 | 提供跨坐 |
| 3 | 致动器 | 动力驱动源 |
| 4 | 电池 | 提供电源 |
| 5 | 上框架 | 支架 |
| 6 | 中央处理器 | 处理数据 |
| 7 | 中间接头 | 连接腿部框架 |
| 8 | 下框架 | 支架 |
| 9 | 底部接头 | 连接支架与鞋 |
| 10 | 鞋 | 脚步支撑 |
| 11 | 踩踏感应器 | 踩踏感应 |

图5-16　体重支撑型步行辅助器组件

### 5.3.3 主要特点

（1）简单操作的乘坐型

穿上与机器相连的鞋子，坐在座椅上就可以简单使用，即使没有背带等将部件固定在人体上，依然可以起到辅助行走的效果。

通过在双腿间配置辅助器，帮助使用者保持步伐的幅度，更便于行动。

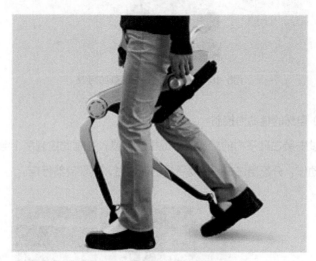

图5-17　简单操作的乘坐型

（2）通过支撑体重进行辅助

基于人体的生理特点和行动习惯，通过电机和框架的协同作用来提供辅助力，减轻行走时肌肉和关节的负担。

座椅和框架的设计也可以减轻腿部肌肉和关节的负担，使得行走更加轻松和自然。辅助力的施加可以适应使用者的腿部力量和身体重心的变化，从而更好地帮助使用者完成各种不同的动作和姿势。

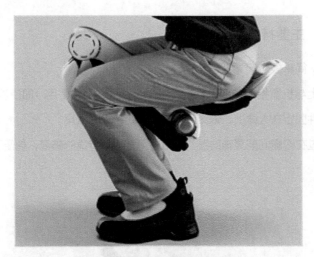

图5-18 通过支撑体重进行辅助的手法

（3）自然的辅助力控制

通过安装在鞋子内的感应器获取相应信息，并据此控制两个电机，区分双腿动作，分配出左右腿行动所需的辅助力，实现自然行走。

图5-19 自然的辅助力控制

配合膝盖的弯曲调整辅助力，提高上下台阶和弯腰等膝盖承受负担较大的动作和姿势的效果。

### 5.3.4　技术原理

行走中涉及的主要力包括体内力，如肌力、关节力矩和骨对骨力，以及脚力、地板反作用力（FRF）、重力和惯性。关节力矩是一种旋转方向上的活体内力，该力在骨骼端面上以相反方向产生，骨骼端面相互面对，中间有一个关节。关节力矩主要由肌力产生。骨对骨的作用力是在体内产生的平移方向上的力。

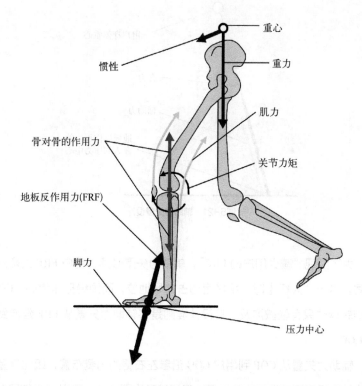

图5-20　行走中所涉及的力

该设备的主要作用是减少用户在使用时受到的地板反作用力。设备易于安装和拆卸,并且只需使用两个致动器,就能始终保持从地板反作用力压力中心到用户身体重心方向上的辅助力矢量。该设备可以减轻用户在各种运动和姿势中的腿部肌肉和关节负担。研究表明,在爬楼梯或下蹲时,该设备可以辅助减少用户的腿部肌肉活动和全身能量消耗。

该设备通过减少地板反作用力的合力,从而减少与反作用力相关的所有体内力,包括髋关节、膝关节、踝关节处的骨对骨力和肌力产生的关节力矩。因此,"减少用户的 FRF"是指旨在减少所有体内力的辅助方法。

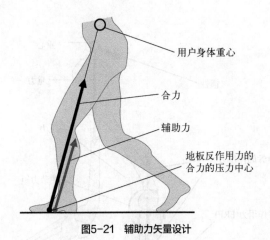

**图5-21 辅助力矢量设计**

为了实现"减少用户的 FRF",辅助力矢量必须与用户 FRF 矢量方向相同。当一个人行走时,平移运动占主导地位,而围绕身体重心(COG)的旋转运动只有轻微涉及。其设计准则是将辅助力矢量从 FRF 延伸到用户 COG。

辅助力矢量从 COP 到用户 COG 沿着左右腿的内侧布置,因此装置的结构件也沿着用户腿的内侧布置。通过这种布置方式,可以减少作用在结构件上的弯矩，降低构件所需的刚度和强度。这也有助于减小设备的重量和尺寸。

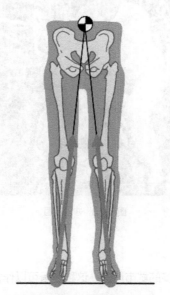

图5-22 力从伸缩机构下端轴到地板

如图显示了辅助力从伸缩机构下端轴传递向地板的过程。辅助力按照下端轴、内框架、鞋底、地板的顺序传递。内框架的形状避免了对用户腿和脚的压力，同时将力从下端轴传递到地板，使用户腿和脚不会感受到辅助力的压力。

## 5.3.5　应用范围

（1）工业领域

通过使用这种设备，在生产车间中进行站立、弯腰或者使用楼梯进行送货等作业时，可以减轻腿部负担，减小劳动强度。

图5-23　应用范围

（2）日常生活

在楼梯和坡道较多的城市地区，这种设备可以作为日常代步工具使用。使用它的感觉就像是骑着可以上楼梯的电动助力自行车一样。

（3）旅游景点

在需要长时间排队等待或者观看比赛等场合，使用这种设备可以减少疲劳。同时，在楼梯和坡道较多的旅游景点，也可以把它作为代步工具使用。

# 5.4　案例四：Super Flex "动力服"（Aura Power Clothing 力量套装）

## 5.4.1　产品简介

Super Flex 设计的这种外骨骼强化服装是一种非常有前景的技术创新，

它把机器人的功能构建到了日常的衣服之内，可以帮助行动不便的老年人更加独立自主地进行日常生活活动，甚至可以帮助他们搬动重物和长期提供辅助站立的功能。

图5-24 Super Flex "动力服"

Super Flex 的动力装置套装具有多项优点。其动力中心的六边形形状和柔软的织物组成结构可以适应穿戴者的日常活动度，非常方便穿戴者正常活动，而且材质轻薄柔软，适合各种体型，同时还提供必要的最大化人体工程学支持，为老人或行动不便的人提供更大的能量。另外，由于 Super Flex 的套装只有在感应到人体需要动力的时候才会辅以力量，因此能够大大增长续航时间，使其更加耐用可靠。

Super Flex 套装的目标人群是老年人、运动员或者肢体残障人士，该产品与紧身衣类似，人们可以把它穿在正常着装之下，在人体需要的时候为身体提供一定力量或者增强肢体的活动度。在未来，Super Flex 还计划推出更多种类的助力服装，以满足不同部位的助力需求。这些助力服装可以与现有的产品配合，组成一套完整的助力系统，为人体提供更全面的支持。这种助力系统的发展，有望为广大需要助力支持的人们带来更多便利和帮助，提升他们的生活质量。

## 5.4.2　概览

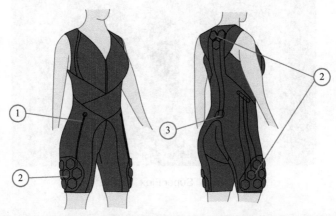

| 项目 | 名称 | 作用 |
|---|---|---|
| 1 | 带子 | 连接与支撑 |
| 2 | 电子肌肉和传感器 | 为穿着者的躯干、臀部和腿部提供核心辅助力支持 |
| 3 | 连接处 | 连接 |

图5-25　Super Flex 套装结构组成

Super Flex 动力装置套装包含电机、传感器和人工智能控制设备。这层薄薄的驱动器，通过内置电脑系统进行控制，可以像人类肌肉一样扩张或收缩，增强用户的躯干、臀部和腿部核心支撑力，帮助用户完成站立、行走或坐下等各种动作。电子肌肉自动与佩戴者的自然肌肉协调配合，支持坐姿和站姿运动。六边形织物组织中包含电池、控制板和弹性肌肉技术。

## 5.4.3　技术原理

　　Super Flex 动力装置套装是一种柔软、灵活的套装，它通过读取穿着者的动作并在需要时向手臂、腿部或躯干传递力量来发挥作用。作为 DARPA 资助计划的一部分，这种服装最初是为了帮助降低受伤风险和提高士兵的

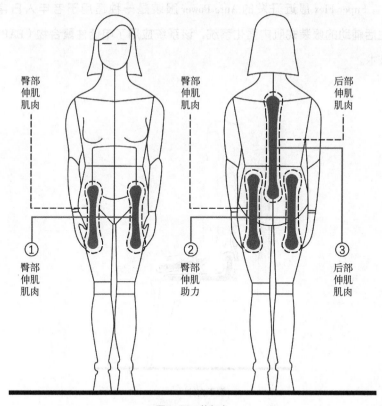

臀部<br>伸肌<br>肌肉

臀部<br>伸肌<br>肌肉

后部<br>伸肌<br>肌肉

①臀部<br>伸肌<br>肌肉

②臀部<br>伸肌<br>助力

③后部<br>伸肌<br>肌肉

图5-26　施加力

表现而开发的。2018年，Seismic的Powered Clothing将机器人技术与纺织品相结合，创造出外观和感觉像服装的产品，但功能更像是人体的延伸。Seismic的动力服由三个不同的层组成：基础层、强度层和智能层。

该套装重量轻，配备了电子肌肉，为穿着者的躯干、臀部和腿部提供核心辅助力支持，在起身、坐下或站立时提供力量。电子肌肉自动与佩戴者的自然肌肉组织保持一致，并通过智能材料的机械运动提供额外的力量。

Super Flex 最近开发的 Aura Power 服装是一种适用于老年人日常生活辅助的服装式肌肉强化系统，该系统应用了电活性聚合物（EAP）技术。

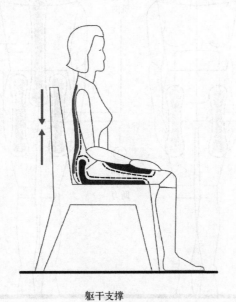

躯干支撑

图5-27　坐下

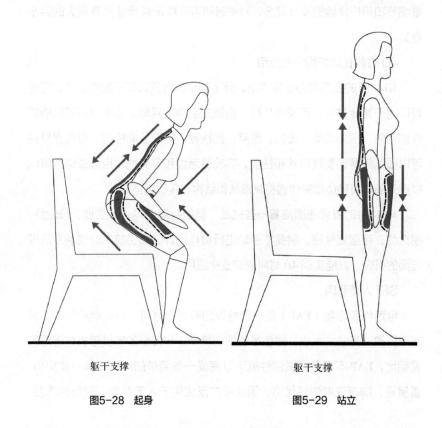

躯干支撑

图5-28　起身

躯干支撑

图5-29　站立

　　该动力服结合了仿生学、人体工程学和高科技元素，为人们提供了一种全新的、可穿戴的动力助力装置。通过将技术组件嵌入到服装内部，设计师能够为穿戴者提供极高的舒适度，同时保证了装置的稳定性和可靠性。另外，模块化和可扩展的设计使得这款动力服能够适应不同的肌肉需求和身高，这为老年人、运动员或者肢体残障人士提供了更好的选择。该六边形织物可拆卸，使服装易于清洁。最终，设计师的目标是将所有的技术和"智能"隐藏在一件优雅、简约的内衣之中，使其更容易接受和使用。这种注重细节和用户体验的设计理念，对未来的可穿戴设备行业具有很大的启示意义。

### 4D 材料在防护服中的应用

4D 材料的应用潜力非常广泛，除了被动外骨骼和带子配件之外，它还可以用于智能材料、可编程材料、自适应结构等领域。智能材料可以响应外部刺激，例如温度、压力、湿度、光线等，实现智能控制；可编程材料可以根据需要调整其形状和性能，实现灵活性和可变性；自适应结构可以根据外部环境和负载变化调整其形状和结构，实现自适应性。

4D 材料的发展还面临着一些挑战，例如制造成本、可控性、稳定性、耐久性、可重复性等。需要不断地进行材料设计、加工技术、控制方法等方面的研究，才能实现 4D 材料的商业化应用。

### SRI 人造肌肉

电活性聚合物（EAP）是一种特殊的聚合物材料，具有响应外部电场刺激而改变形状、大小、颜色等性质的特点。与传统的电机等机械运动装置相比，EAP 不需要机械部件就可以完成一些简单的动作，具有体积小、重量轻、响应速度快等优点，因此被广泛应用于人工肌肉、变形传感器、

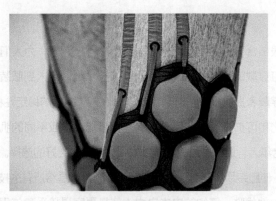

图5-30  SRI 人造肌肉

执行器、能量收集设备等领域。例如，EAP材料可以制成人工肌肉，模拟真实肌肉的收缩和松弛过程，可用于医疗和健身领域；也可以制成变形传感器，用于测量和反馈机械或生物体的变形情况；还可以制成能量收集器，将机械或环境中的能量转化为电能，用于驱动低功耗设备。

## 5.4.4 应用范围

Super Flex公司的辅助软外骨骼是专门为老年人设计的，它能够为老人提供动力支持，帮助他们回归到正常生活中去。当我们谈论人口老龄化需要什么样的设计时，一般的方法就是为老人们提供一些能够在家里就可以完成任务的一些静态产品。但缺乏动力方面的支持，导致他们还是会长期处于一个更加静态的生活方式之中。Seismic和Fuseproject也致力于扩大老年人口的社会生活，他们的目标是在不久的将来实现这一目标。这些公司正在探索使用新技术和创新的设计方法，帮助老年人克服生活中的种种障碍，提高他们的生活质量。

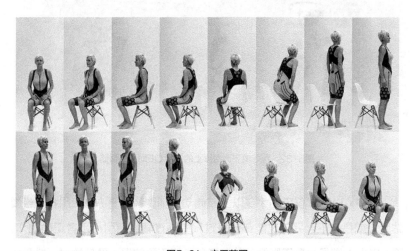

图5-31 应用范围

## 5.5 案例五：三星GEMS外骨骼

### 5.5.1 产品简介

三星推出的 GEMS（步态增强和激励系统）——一系列可穿戴设备用于辅助身体各个部位（臀部、膝盖、脚踝等）。三星强调此款产品与竞争对手设计用于搬运等工作辅助的想法不同，它最主要还是针对行动不便者、伤患复健，或是运动训练诉求打造，其中依照不同使用诉求更区分出 GEMS-H、GEMS-A、GEMS-K 三种规格。通过提供姿势纠正、稳定性、步行速度和阻力等功能，GEMS 系统旨在帮助使用者更容易站起来、行走、进行康复和锻炼，提高他们的生活质量和健康水平。

图5-32　国际电子消费展上的三星 GEMS 外骨骼

其中 GEMS-H 仅带动大腿以上肢体动作辅助，主要协助使用者从坐姿站起，或是坐下，另外也能在健身过程中通过辅助指引使用者正确动作。而 GEMS-A 则是穿戴于脚踝部位，避免走路不稳的老人意外摔倒，或是避免伤患开刀固定位置受伤等。穿戴在下半身的 GEMS-K 则是提供更完整的下肢辅助，提供相比 GEMS-H 更进阶的辅助效果。

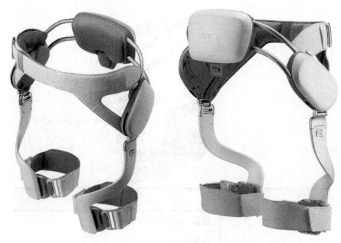

图5-33　GEMS-H

这种能够结合人工智能和增强现实技术的辅助设备对于老年人和行动不便的人来说非常有帮助。通过跟踪和记录肌肉运动，GEMS 可以帮助个人提高姿势稳定性和减少能量消耗，同时还能在行走时提供支持和防护。通过连接到手机应用程序，用户可以获得专业的反馈和指导，并且通过增强现实技术创造身临其境的锻炼体验。这些功能都有助于提高个人的健康状况和生活质量。

## 5.5.2　概览

GEMS-H 是一种可穿戴的电动外骨骼，可主动帮助个人行走。GEMS-H 由总重量为 4.7 磅（2.1kg）的拼合组件组成。腰部包含两个执行器模块、一个蓝牙模块和一个控制包。每个执行器模块包含一个电机以及一个嵌入式角度位置传感器和控制器。在控制包中，有一个中央处理器、一个 IMU 传感器、一个可充电电池组和一个电源开关。GEMS-H 能够帮助佩戴者行走。

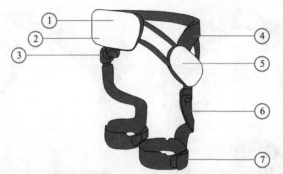

| 项目 | 名称 | 作用 |
|------|------|------|
| 1 | 控制包 | 计算单元和内置电池 |
| 2 | 电池 | 提供电源 |
| 3 | 电源开关 | 打开/关闭电源 |
| 4 | 腰带 | 固定 |
| 5 | 执行器模块 | 用于产生辅助力的无刷直流电机和减速齿轮 |
| 6 | 大腿支撑架 | 将辅助力传递给佩戴者大腿的柔性框架 |
| 7 | 大腿支撑带 | 连接大腿支撑架和佩戴者大腿的紧固带 |

图5-34 GEMS-H 结构组成

该系统由以下核心要素组成。

柔性大腿框架 一种用于外骨骼设备的重要部件，它能够将来自执行器的力和扭矩传递到佩戴者的大腿上。与传统的刚性框架不同，柔性框架可以通过其独特的轻量化结构和灵活性，提供更高的舒适度和自然性。它的中心部分可以弯曲，从而将传递力减少，同时可以将足够的力传递到框架的端部，使佩戴者更容易行走。柔性大腿框架的设计考虑了佩戴者的人体工程学和运动学，以确保最佳的性能和使用体验。

拉伸加强弹性髋关节支架　用于支撑 GEMS-H 外骨骼的关键部件，它的主要作用是支持来执行器的高扭矩。这种支架使用高度灵活的材料制成，可以贴合佩戴者的骨盆并调整形状。为了在不增加设备重量的情况下提高框架的耐磨性，使用了不可拉伸的软带。这可以增强支架的强度并为用户提供更好的舒适度。

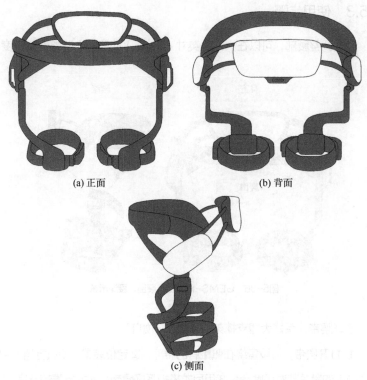

(a) 正面　　　　　　　　　(b) 背面

(c) 侧面

图5-35　GEMS-H 不同视图

超薄和可反向驱动的执行器　通常，执行器需要放置在一个相对较大的空间中才能工作，并且需要使用大量的能量来产生足够的力量。然而，在这种情况下，将执行器放置在髋关节旁边并将电机放置在臀部上方的凹陷空间中，可以最小化器件的厚度，并提高器件的效率和反向驱动能力。具有反向驱动能力的执行器可以将能量从设备中重新回收，并将其返回到电池中，以延长设备的使用时间。此外，这种设计还使得佩戴者能够自由地进行各种活动，而不会受到设备的干扰。例如，在不影响手臂摆动的情况下行走，坐在扶手椅上，并在设备上穿衣服等。

### 5.5.3 使用步骤

通过调整腰部，可以在大约 2 英寸（50mm）的范围内调整设备宽度。

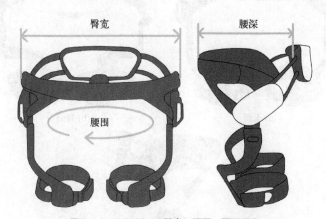

图5-36 GEMS-H 臀宽、腰围、腰深示意

系好腰带，系好大腿支撑架，佩戴步骤如下。

①打开腰带，将设备绕在佩戴者的腰部；②定位装置，使执行器的中心与佩戴者的髋关节对正贴合；③用尼龙搭扣系好腰带；④如果腰带长度太短，请使用加长腰带；⑤连接两个大腿支撑架；⑥初始使用中等尺寸的大腿支撑架，如果佩戴者的大腿长度较短（即，如果大腿支撑架与膝盖帽接触），则使用小尺寸的大腿支撑架；⑦尺寸显示在大腿支撑架的释放按钮上（S，M）。

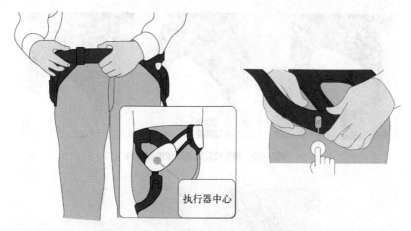

执行器中心

图5-37　佩戴步骤

紧固两条大腿支撑带：

① 初始使用中等尺寸的大腿支撑带，如果需要，可以选择小尺寸或大尺寸；②将两条大腿支撑带上的搭扣固定到大腿支撑架上，以固定两条大腿支撑带；③确保支撑带 Velcro 牢牢地系在佩戴者的腿上。

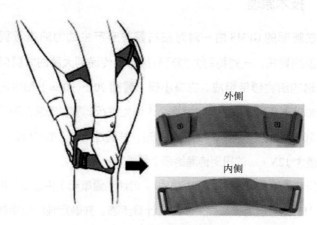

外侧

内侧

图5-38　紧固大腿支撑带

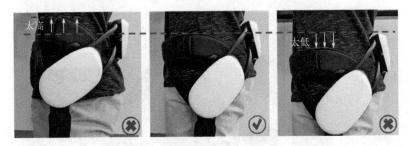

图5-39 腰部位置的正确和错误示例

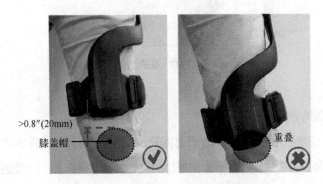

图5-40 大腿支撑架定位的正确和错误示例

## 5.5.4 技术原理

围在腰部的 GEMS 由一对对左右髋关节产生助力的执行器、一个围在腰部的臀托、一对将助力力矩从执行器传递到大腿的大腿架以及大腿架末端的织物腰带组成。它有小码（臀围 70～90cm）和中码（臀围 90～100cm）两种尺寸，可以根据个人体型进行调整。安装在髋关节周围的两个 70W 无刷直流电机产生辅助扭矩，并通过 75：1 的多级齿轮系统将产生的最大 12N·m 的扭矩传递给每个髋关节。

设备背面安装了电池、CPU、IMU（惯性测量单元）传感器和电机驱动单元。IMU 传感器用于从髋关节角度计算步态，并确定辅助扭矩模式。该设备正常工作条件下可连续工作 1.3h。

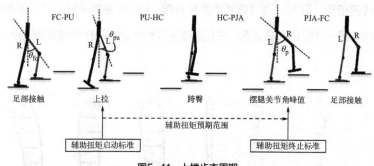

图5-41　上楼步态周期

GEMS 的楼梯上升辅助策略使用 IMU 传感器数据估计足部接触事件，并根据用户意图和偏好反映用户行动。如图，该策略将上楼步态周期分为 4 个阶段：足部接触到上拉（FC-PU）、上拉到跨臀（PU-HC）、跨臀到摆腿关节角峰值（HC-PJA）、摆腿关节角峰值到足部接触（PJA-FC）。每个事件的时刻由两个关节角传感器估计的髋关节角度确定。此外，该辅助策略通过识别用户意图，应用辅助扭矩的启动和终止标准。上拉作为用户上楼时的辅助启动标准，确定所需的辅助持续时间，然后生成每个姿态和摆腿的辅助扭矩，用于新的一步。生成的辅助扭矩以前馈的方式作用于每个姿态和摆腿，直到满足辅助终止标准，并在作为辅助终止标准的关节角峰值处结束。此外，在关节角峰值事件的最后 1min，通过衰减屈伸力矩来快速平稳地终止辅助扭矩。

外骨骼使用的传统机构采用一种由固定在身体特定位置的带子连接的刚性框架组成的结构。刚性框架便于从执行器向人体传递辅助扭矩，而无需骨对骨力。然而，这种结构不能紧紧地贴合穿着者的下半身。因为当穿着者移动时，人体的形态也会发生变化，而刚性的形状无法紧贴人体的变化。如果将这种刚性形状贴到人体上，很有可能会损伤关节和接触部位。

该柔性大腿框架结构灵活，可紧密贴合各种佩戴者，无需骨对骨力即可传递扭矩。因此，通过灵活的柔性框架，GEMS 变得纤细，可以像柔软的辅助服一样穿在衣服里面，并且能够像其他外骨骼一样传递辅助扭矩。

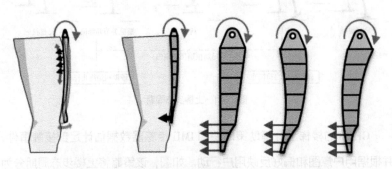

图5-42　（左）用户安装时的刚性框架和（右）灵活的柔性框架

GEMS-H 采用 DOC 算法的行走辅助模式，可以帮助佩戴者减少行走时的体力消耗。具体来说，GEMS-H 使用板载微处理器接收来自集成传感器的信号，并提供关于佩戴者髋关节角度的信息。处理器根据这些信息确定最佳的辅助扭矩输出，并将其传递给执行器模块。执行器模块使用这些辅助力来帮助佩戴者行走，减轻他们的负担。由于 DOC 算法具有延迟输出控制的特点，因此 GEMS-H 可以根据佩戴者的行走节奏和姿势进行精确的辅助控制，从而提供更好的行走体验。

表5-3　技术规格

| 指标 | 数值 |
| --- | --- |
| 接缝处的最大厚度 | 28.9mm |
| 框架最大厚度 | 22mm |
| 最大扭矩 | 12N·m |
| 质量 | 2.1kg |
| 代谢消耗的影响 | 13%±4% |

### 5.5.5 应用范围

目前这套实验性的行走辅助系统已经提供给日本 Honda 的产线员工进行测试使用，相信在经历实用测试使产品更加成熟后，日后将有机会看到更多的行走辅助器量产，造福更多身障、老人与特殊劳动族群。

## 5.6 案例六：Exhauss Cine云台相机支持外骨骼（L'Aigle Exoskeleton）Exhauss Exoskeleton 'G' V2

### 5.6.1 产品简介

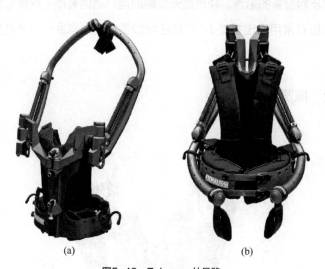

(a)              (b)

图5-43 Exhauss 外骨骼

Exhauss 外骨骼由 L'Aigle 制造，这家公司是法国唯一的相机稳定器制造商，是世界上为数不多的工作辅助外骨骼制造商之一，它一直在设计和制造支持类外骨骼，以减轻电影和电视运营商工作人员的负担。2010 年，其将这种专有技术扩展到需要搬运以及处理负载和工具等的工业领域。该公司拥有 L'Aigle 稳定器的多项专利，以及专门用于 Exhauss 品牌外骨骼技术的其他多项专利。

Exhauss 外骨骼重约 9kg，可为上臂提供双侧支撑。手臂支撑通过每个上臂下方的袖带提供，袖带连接到两个机械臂，由弹簧激活，并连接到刚性可穿戴夹克。辅助扭矩可以通过弹簧的预压缩来调节。其专为长时间搬运作业工具和重物而设计，可让操作员将前臂放在刚性支架上，从而缓解手臂肌肉的压力，并保护关节，特别是肩部。

外骨骼使云台相机的操作员可以长时间保持和移动他们的设备而不会感到疲劳。另一个优点是外骨骼可以稳定云台的垂直运动——减少行走时脚步对装备的影响。缺点是外骨骼的运动范围有限（尽管它涵盖了云台的所有常用固定方式），并且还增加了身体的宽度——使其更难通过门。

## 5.6.2　概览

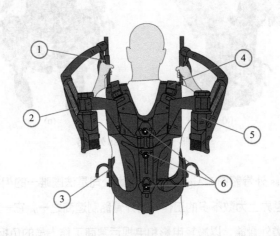

| 项目 | 名称 | 作用 |
|------|------|------|
| 1 | 手持带 | 支撑连接设备、手部和云台 |
| 2 | 弹簧 | 传递力 |
| 3 | 腰部支撑 | 支撑腰部 |
| 4 | 肩带 | 调节肩带到合适尺寸 |
| 5 | 张紧器 | 可旋转移动，铰链式传递力 |
| 6 | 螺钉 | 固定设备 |

图5-44　Exhauss外骨骼结构组成

## 5.6.3　技术原理

这个装置本质上是两个等弹性的稳定臂，绑在身体和手臂上。外骨骼允许在几乎没有对肱二头肌施加压力的情况下举起大重量物体。所有的重量都通过背心转移到臀部和腿部。

外骨骼具有上肢支撑，由"张紧器"系统驱动。这种张紧可以调整外骨骼为操作员提供帮助以处理他的负载。

该系统可减轻上肢压力，对手腕系统（捏握、手腕支撑）、背部和下肢施加压力。

## 5.6.4　规格

表5-4　规格

| 质量 | 约9kg |
|------|------|
| 负载能力 | 25kg |
| 加长臂长 | 148cm |
| 线束的最小尺寸 | 51cm×43cm×19cm |
| 可更换腰部安全带 | S或L |

## 5.6.5 应用范围

Exhauss 可以用作相机云台支持，但远不止这些。它已在各种工作环境中用作工业外骨骼。Exhauss 的长弹簧张紧器有助于支撑用户的手臂，使重量被转移到安全带上。此设置旨在减少工作时的疲劳和受伤风险。

# 第六章　展望

外骨骼从军事、医用、工业、消费等领域逐步展开和细化，已经取得了不菲的成果，但还未形成大规模产业。外骨骼机器人与穿戴者所共同构成的人机系统，需要具有高度的人机相容性、认知耦合性以及运动一致性，其关键就是人体肌肉运动趋势的预测、骨骼机制的模拟仿生、外部环境和穿戴者意图的感知以及精准的自适应控制等。

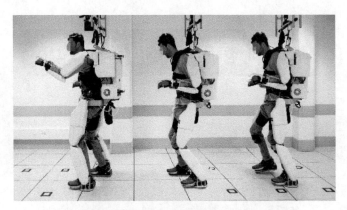

图6-1　科幻电影制作的辅助外骨骼

图6-2　意念外骨骼设备

未来，外骨骼发展将具有与人体强耦合、多交互、重协同的特征，逐步与脑科学、人体运动学、康复医学、机械信息科学同步前进，从中找取平衡点。外骨骼的技术进步也将促进多个学科的突破，未来的外骨骼研究必将是多学科交叉融合的研究。因此，分别从概念设计、科幻电影、游戏层面来叙述人类对于外骨骼的设想与展望。

图 6-3 是国内工业设计公司——木马设计公司做的下肢外骨骼概念设计，整个设备的扭转点在膝盖的部分。该设备采用柔性材料，用螺旋的方式缠绕在用户腿上，更贴合用户肢体。

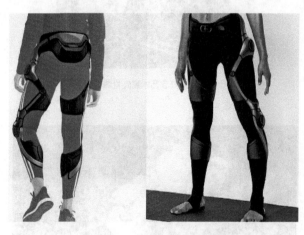

图6-3　木马设计公司外骨骼设计

图 6-4 是由法国概念艺术家绘制，描述了未来外骨骼军事装备。从中我们可以看出，外骨骼的机械感变弱了，取而代之的是编织物，通过高强度编织物来提高整个外骨骼穿戴的舒适性。

图 6-5 是日本筑波大学研发的五代外骨骼设备，能够检测体表的生物信息，模拟穿戴者的动作，并在平行的方向上增强穿戴者的力量和耐力。

图6-4　法国概念艺术家外骨骼绘制图

图6-5　日本筑波大学外骨骼HAL-5（Type-B）

　　图 6-6 是国外设计师设计的外骨骼概念产品，该设计摒弃了穿戴式外骨骼，而变成了背包式，在用户的背部进行运作，降低了设备的重量，增强了灵活性。

图6-6 国外设计师的外骨骼概念产品

# 参考文献

[1] 熊然，袁博，陈光兴，等. 无源被动负重型外骨骼对单兵满负荷行走运动的步态分析研究[J].生物医学工程与临床，2023，27（04）：406-411.

[2] 孟泽鹏. 可穿戴搬运助力外骨骼设计及下肢外骨骼研究[D].西安：西安工业大学，2023.

[3] 张帆，高越，巩超. 基于拓扑优化的军用单兵外骨骼装备设计研究[J].包装工程，2022，43（22）：1-8.

[4] 曹武警，王大帅，何勇，等. 外骨骼机器人研发应用现状与挑战[J].人工智能，2022（03）：105-112.

[5] 陈灵星. 面向柔性外骨骼的自然人机交互技术与方法[D].深圳：中国科学院大学（中国科学院深圳先进技术研究院），2023.

[6] Zoss A, Strausser K, Swift T, et al. Human machine interface for human exoskeleton：AU2011301828（A1）[P]. 2011-09-19.

[7] Pan Y T, Lamb Z, Strausser K A. Effect of vibrotactile feedback for balance rehabilitation with the Ekso Bionics® exoskeleton[C]//2017 International Symposium on Wearable Robotics and Rehabilitation（WeRob）. IEEE, 2017：1-2.

[8] Pan Y T, Lamb Z, Macievich J, et al. A vibrotactile feedback device for balance rehabilitation in the ekso GT™ robotic exoskeleton[C]//2018 7th IEEE International Conference on Biomedical Robotics and Biomechatronics（Biorob）. IEEE, 2018：569-576.

[9] Colombo G, Joerg M, Schreier R, et al. Treadmill training of paraplegic patients using a robotic orthosis[J]. J Rehabil Res Dev, 2000, 37（6）：693-700.

[10] Tabea A S, Anja G, Rob L. Correction to：the Free D module for the Lokomat facilitates a physiological movement pattern in healthy people：a proof of concept study[J]. Journal of Neuroengineering & Rehabilitation, 2019, 16（1）：1-13.

[11] Zou Y P, Wang N, Wang X Q, et al. Design and experimental research of movable cable-driven lower limb rehabilitation robot[J]. IEEE Access, 2019, 7：2315-2326.

[12] Woods C, Callagher L, Jaffray T. Walk tall：the story of rex bionics[J]. Journal of Management & Organization, 2021, 27（2）：239-252.

[13] Cudby K. Liberty autonomy independence[J]. Engineering Insight, 2011, 12（1）：8-14.

[14] F·阿拉米斯弗，A·J·格里梅尔.助动器的控制系统[P]. 新西兰：CN104523404B，2018-

04-13.

[15] Zeilig G, Weingarden H, Zwecker M, et al. Safety and tolerance of the ReWalk™ exoskeleton suit for ambulation by people with complete spinal cord injury: a pilot study[J]. The Journal of Spinal Cord Medicine, 2012, 35（2）: 96-101.

[16] Esquenazi A, Talaty M, Packel A, et al. The ReWalk powered exoskeleton to restore ambulatory function to individuals with thoracic-level motor-complete spinal cord injury[J]. American Journal of Physical Medicine & rehabilitation, 2012, 91（11）: 911-921.

[17] 阿米特·戈菲尔, 奥伦·塔玛里. 具有集成式倾斜传感器的运动辅助设备[P].以色列: CN103328051A, 2013-09-25.

[18] 赵新刚, 谈晓伟, 张弼. 柔性下肢外骨骼机器人研究进展及关键技术分析[J].机器人, 2020, 42（03）: 365-384.

[19] 贾杰, 尹刚刚, 张开颜, 等. 手部康复训练系统及训练方法[P].上海: CN109999429A, 2019-07-12.

[20] 尹刚刚, 王吴东, 陈忠哲. 手部运动检测装置、康复训练装置及自主控制系统[P].上海: CN214910019U, 2021-11-30.

[21] Looned R, Webb J, Xiao Z G, et al. Assisting drinking with an affordable BCI-controlled wearable robot and electrical stimulation: a preliminary investigation[J]. J Neuroeng Rehabil, 2014, 11: 51.

[22] John M. Powered orthotic device and method of using same: US20080071386 A1 [P]. 2008.

[23] Page S J, Hill V, White S. Portable upper extremity robotics is as efficacious as upper extremity rehabilitative therapy: a randomized controlled pilot trial [J]. Clin Rehabil, 2013, 27（6）: 494-503.

[24] Hirata T. Walking assistance device: U.S. patent 2009/0299243 A1[P]. 2009-12-03.

[25] Buesing C, Fisch G, O'Donnel M, et al. Effects of a wearable exoskeleton stride management assist system（SMA®）on spatiotemporal gait characteristics in individuals after stroke: a randomized controlled trial[J]. Journal of Neuroengineering and Rehabilitation, 2015, 12（1）: 1-14.

[26] 高橋秀明. 歩行アシストの開発（＜メカライフ特集＞転のものづくり）[J]. 日本機械学会誌, 2014, 117（1147）: 364-365.

[27] Ikeuchi Y, Ashihara J, Hiki Y, et al. Walking assist device with bodyweight support system[C]// International Conference on Intelligent Robots and Systems. IEEE, 2009: 4073-4079.

[28] Ashihara J. Walking assist device: U.S. patent 8, 118, 763 B2[P]. 2012-02-21.

[29] Kapalymov A, Jamwal P K, Hussain S, et al. State of the art lower limb robotic exoskeletons for

elderly assistance[J]. IEEE Access, 2019, 7: 95075-95086.

[30]  Crawford C. The e-textile evolution[J]. AATCC Review, 2017, 17 ( 6 ): 30-35.

[31]  Behr O. Fashion 4.0-digital innovation in the fashion industry[J]. Journal of Technology and Innovation Management, 2018, 2 ( 1 ): 1-9.

[32]  Lee J, Huber M E, Hogan N. Gait entrainment to torque pulses from a hip exoskeleton robot[J]. IEEE Transactions on Neural Systems and Rehabilitation Engineering, 2022, 30: 656-667.

[33]  Lee Y, Choi B, Lee J, et al. Flexible sliding frame for gait enhancing mechatronic system ( GEMS ) [C]//2016 38th Annual International Conference of the IEEE Engineering in Medicine and Biology Society ( EMBC ). IEEE, 2016: 598-602.

[34]  Kim D S, Lee H J, Lee S H, et al. A wearable hip-assist robot reduces the cardiopulmonary metabolic energy expenditure during stair ascent in elderly adults: a pilot cross-sectional study[J]. BMC Geriatrics, 2018, 18 ( 1 ): 1-8.

[35]  Pooryousef V, Brown R, Turkay S. Shape recognition and selection in medical volume visualization with haptic gloves[C]//Proceedings of the 31st Australian Conference on Human-Computer-Interaction, 2019: 433-436.

[36]  Atain-Kouadio J J, Sghaier A. Les robots et dispositifs d'assistance physique: état des lieux et enjeux pour la prévention[D]. Institut National de Recherche et de Sécurité ( INRS ), 2017.

[37]  Desbrosses K, Schwartz M, Theurel J. Evaluation of two upper-limb exoskeletons during overhead work: influence of exoskeleton design and load on muscular adaptations and balance regulation[J]. European Journal of Applied Physiology, 2021, 121 ( 10 ): 2811-2823.